数控机床操作

主 编 魏 林

北京理工大学出版社
BEIJING INSTITUTE OF TECHNOLOGY PRESS

内 容 简 介

本教材是配合国家骨干校建设数控技术专业教学改革的系列教材之一。本教材在编写上采用任务驱动模式，主要内容包括外圆类零件加工、内孔类零件加工、螺纹类零件加工、车削配合件加工、槽类零件加工、轮廓类零件加工、孔类零件加工、铣削配合件加工和数控机床维护保养等。本教材参照相关国家职业技能标准，力争使学习达到数控车工和数控铣工的中级工水平，实现培养学生专业技能和职业素质的目的。

本教材适合高校数控技术专业的学生学习，也适合模具设计与制造、机械设计与制造等专业领域的读者阅读，并可供机械加工及自动化专业的工程技术人员参考。

图书在版编目（CIP）数据

数控机床操作/魏林主编. —北京：北京理工大学出版社，2014.12

ISBN 978-7-5640-9093-7

Ⅰ.①数…　Ⅱ.①魏…　Ⅲ.①数控机床-操作-高等学校-教材　Ⅳ.①TG659

中国版本图书馆 CIP 数据核字（2014）第 077562 号

出版发行 /北京理工大学出版社有限责任公司

社　　址 /北京市海淀区中关村南大街 5 号

邮　　编 /100081

电　　话 /（010）68914775（总编室）

82562903（教材售后服务热线）

68948351（其他图书服务热线）

网　　址 /http：//www.bitpress.com.cn

经　　销 /全国各地新华书店

印　　刷 /天津紫阳印刷有限公司

开　　本 /787 毫米×1092 毫米　1/16

印　　张 /9.5

字　　数 /225 千字

版　　次 /2014 年 12 月第 1 版　2014 年 12 月第 1 次印刷

定　　价 /38.00 元

责任编辑 /钟　博

文案编辑 /钟　博

责任校对 /周瑞红

责任印制 /马振武

前 言

Qianyan

随着现代科学技术的发展，数控加工在机械制造领域迅速普及。为了满足高等院校和企业培养数控专业人才的需求，使学生获得“工作过程知识”，必须把提高学生的职业能力放在突出的位置，加强实习实训等实践性教学环节，使学生成为企业生产服务一线迫切需要的高素质技能型人才。

作为“数控机床操作”专用实训周的配套教材，本书以数控机床操作与零件加工为主体，教材编写按照中级工的难度标准设置理论与实操要求，引导学生顺利通过中级工的技能鉴定，同时完善质量考核与评价办法，增强学生的质量、责任、成本和效率意识，有效地培养学生的职业素质与数控机床操作与加工的能力。

本教材以企业岗位需求和国家职业标准为主要依据，在借鉴国内外数控技术的先进资料和经验的基础上，邀请具有丰富数控编程和加工经验的企业一线技术人员和行业专家参与编写，使教材内容密切联系企业数控加工的生产实际，有利于实现工学结合的人才培养模式。本教材的内容主要针对数控机床操作与典型零件加工职业岗位或岗位群，选择了 FANUC 系统数控车床操作、外圆类零件加工、内孔类零件加工、螺纹类零件加工、车削配合件加工、SIEMENS 系统数控铣床操作、槽类零件加工、轮廓类零件加工、孔类零件加工、铣削配合件加工和数控机床维护保养 11 个工作任务作为教学载体，充分体现了教材内容的实用性、针对性、及时性和新颖性。本教材努力体现以下编写特色：

（1）采用基于工作过程的教学思路，坚持“以就业为导向，以能力为本位”的原则，教材的编写注重理论与实践相结合，理论以“够用、必需”为度，突出与实践技能相关的必备专业知识。

（2）根据高校教学实训设备和实际生产设备的不同，兼顾 FANUC 0i 和 SIEMENS 802D 两种主流数控系统，以适应不同类型的教学需求，注重专业技能的系统性和教学实施的可操作性。

（3）实施“课证融通”的教学改革。在教材编写上融入数控车工和数控铣工中级工国家职业资格标准，为学生考取相应职业资格证书打下基础，实现岗位职业标准和技能鉴定与教学内容的有机融合，以保证对学生专业技能和职业素质的培养。

前 言

Qianyan

（4）遵循高等教育规律，结合实际条件，通过任务目标、相关背景知识、任务实施、拓展知识等环节编写教材，内容安排由易到难、循序渐进，将零件的数控加工工艺、机床操作方法与流程、相关工具量具的使用、零件加工质量检验等内容融为一体，实现理实一体化教学。

（5）体现了以学生为主、教师为辅的教学思路，在培养专业能力的同时，增强学生的质量、责任、成本和效率意识，有效地培养学生的职业素质和团结协作的能力。

本教材适合高等院校机电类专业中学习数控技术应用、机械设计与制造、机电设备维护维修等专业的学生阅读，也可作为机械设计制造及自动化专业技术人员的参考教材。

本教材由魏林任主编，王睿任副主编，于涛、王尚典参加了部分内容的编写。其中任务1～任务8由魏林编写，任务9～任务11及附录A由王睿编写，附录B、附录C由于涛编写，附录D由王尚典编写。魏林负责全书的组织和统稿。

尽管我们在探索《数控机床操作》教材特色建设的突破方面做出了许多努力，但是由于作者水平有限，数控技术发展迅速，教材难免存在疏漏之处，恳请各相关高职教学单位和读者在使用本书的过程中给予关注，提出宝贵意见（邮箱 weilin5217@126.com），在此深表感谢！

编 者

Contents

目 录

目 录

Contents

目 录

目 录

Contents

目 录

目 录

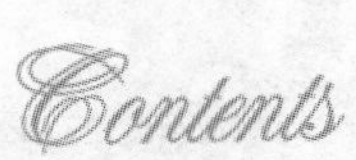

任务1　FANUC 0i 系统数控车床的基本操作

【学习任务单】

<table>
<tr><td>学习任务1</td><td>FANUC 0i 系统数控车床的基本操作</td></tr>
<tr><td>学习目标</td><td>1. 知识目标
（1）掌握数控车床的使用规范与操作规程；
（2）掌握 FANUC 0i 系统数控车床操作面板各按键的功能。
2. 能力目标
（1）能够根据加工需要正确选择机床的运行模式；
（2）能正确完成程序的输入与编辑等操作。
3. 素质目标
（1）培养学生在数控机床操作过程中具有安全操作、文明生产意识；
（2）培养学生在整个机床操作过程中的团队协作意识和吃苦耐劳的精神。</td></tr>
<tr><td colspan="2">1. 任务描述
掌握数控车床的安全操作规程，掌握 FANUC 0i 系统数控车床的操作面板各按键的功能，能够根据加工需要正确选择机床的运行模式，学会该数控系统程序的输入、编辑与管理的操作方法。
2. 任务实施
（1）学生分组，每小组 3 ~5 人；
（2）小组按任务工单进行分析和资料学习；
（3）小组经过讨论确定任务结果，每小组由中心发言人陈述，经过全体同学讨论，确定正确结果；
（4）检查总结。
3. 相关资源
（1）教材；（2）教学课件；（3）机床操作说明书。
4. 教学要求
（1）认真进行课前预习，充分利用教学资源；
（2）充分发挥团队合作精神，正确完成工作任务；
（3）团队之间相互学习，相互借鉴，提高学习效率。</td></tr>
</table>

【背景知识】

1. 数控车床的文明生产和安全操作规程

文明生产是现代企业制度的一项十分重要的内容，而数控加工是一种先进的加工方法。操作者除了要掌握数控机床的性能以及精心操作外，一方面要管好、用好和维护好数控机床，另一方面还必须养成文明生产的良好工作习惯和严谨的工作作风，应具有较好的职业素质、责任心和良好的合作精神。

1）数控车床安全操作规范

（1）工作前必须按要求戴好护眼镜，穿紧身工作服，否则不许进入车间。

（2）禁止戴手套操作机床，若留有长发要戴帽子或发网。

（3）所有实验步骤须在实训教师的指导下进行，未经指导教师同意，不许开动机床。

（4）在机床开动期间严禁离开工作岗位做与操作无关的事情。

（5）严禁在车间内嬉戏、打闹。机床开动时，严禁在机床间穿梭，不得靠近正在旋转的主轴。

（6）在指导教师确认程序正确前，不许动操作箱上已设置好的“机床锁住”状态键。

（7）拧紧工件，保证工件牢牢固定在三爪卡盘上。

（8）启动机床前应检查机床各部位的润滑防护装置是否符合要求。检查工作台上是否堆有工具、毛坯等杂物，以防开机时发生碰撞事故。

（9）严格按照实验指导书的要求选择正确的刀具及加工速度。

（10）机床运转时，要随时注意工件是否有松动现象，切削时要注意刀具是否因受力而有较大的偏移。出现问题时应立即停车纠正，以防人员和设备发生事故。

（11）芯轴插入主轴前，必须彻底擦拭干净芯轴表面及主轴孔内，不得有油污。

（12）在工作100小时后更换主轴箱内的油。

（13）工作中遇异常声音、气味等时应立即停车检查。

2）数控车床操作规程

（1）开机后要预热，检查润滑系统是否正常，如机床长时间未使用，可先用手动方式向各部位供油润滑。检查润滑油是否充裕、冷却液是否充足，发现不足应及时补充。

（2）检查机床导轨以及各主要滑动面，如有障碍物、工具、铁屑、杂物等，必须清理、擦拭干净、上油。

（3）打开数控车床电器柜上的空气开关。

（4）启动数控系统。检查各开关、按钮和按键是否正常、灵活，机床有无异常现象。

（5）手动返回参考点。先“+X”向返回，再“+Z”向返回。回参考点前应检查刀架停放的位置，防止回参考点时超程。

（6）车刀安装不宜伸出过长，车刀垫片要平整，宽度要与车刀底面的宽度一致。刀具安装好后应进行一二次试切削。不要遗忘调整刀具所用的工具在机床内。使用刀具应与机床允许的规格相符，要及时更换有严重破损的刀具。

（7）在进行对刀操作时应选取合适的主轴转速、背吃刀量及进给速度。

（8）输入程序后，应仔细核对代码、地址、数值、正负号、小数点和语法是否正确。编辑程序时对修改部分要仔细检查。

（9）首件加工时，最好按模拟加工、空运行、低进给试切削的步骤进行，对于易出问题的地方，最好用单步运行方式，以减少不必要的错误。试切时快速进给倍率开关要打到较低挡位。

（10）在操作过程中必须集中注意力，谨慎操作，运行前关闭防护门。在运行过程中，操作者不得离开工作岗位，一旦发生问题，应及时按下“复位”按钮或“紧急停止”按钮。

（11）检查卡盘夹紧工件的状态。检查大尺寸的轴类零件的中心孔是否合适，若中心孔太小，工作中易发生危险。

（12）出现报警时，要先进入主菜单的诊断界面，根据报警号和提示文本查找原因，及时排除警报。

（13）实习学生在操作时，旁观的同学禁止按控制面板的任何按钮、旋钮，以免发生意外及事故。

（14）严禁任意修改、删除机床参数。

（15）加工完毕后，应把刀架停放在远离工件的换刀位置。清除铁屑，清扫工作现场，认真擦净机床，使机床与环境保持清洁状态。对导轨面处加油保养，将进给速度修调置零。

（16）依次关掉机床操作面板上的电源和总电源。

3）数控车床操作的注意事项

（1）零件加工前，首先检查机床是否正常运行。加工前应通过试车保证机床正确工作，如利用单程序段、进给倍率或机床锁住等，且在机床不装刀具和工件时检查机床是否正确运行。若未能确认机床动作的正确性，机床可能出现误动作，有可能损坏工件、刀具或机床。

（2）操作机床前，应仔细检查输入的数据。如果使用了错误的数据，机床可能误动作。

（3）使用刀具补偿功能时，应仔细检查补偿方向和补偿值，若使用不正确的指定数据，机床可能误动作。

（4）在接通机床电源的瞬间，CNC 装置上没有出现位置显示或报警画面之前，不要碰 MDI 面板上的任何键。MDI 面板上有些键专门用于维护和特殊的操作。按下其中的任何键，都可能使 CNC 装置处于非正常状态，在这种状态下启动机床有可能引起机床的误动作。

（5）手动操作机床时，要确定刀具和零件的当前位置并保证正确地指定了运动轴、方向和进给速度。

（6）机床在开机时，掉电后重新接通电源开关或在解除急停状态、超程报警信号后，必须先执行手动回参考点操作，否则机床的运动不可预料。执行检查功能在回参考点之前不能执行。

（7）使用空运行检查程序时应注意其运行速度与程序编写的进给速度不一样，有时其比编程的进给速度高。

（8）在自动加工时进行人工干预，当重新启动程序时，刀具的运动轨迹有可能变化。因此，在人工干预后重新启动程序之前，要确认手动开关、参数和绝对值/增量值命令方式的设定。

（9）在 MDI 方式中应注意用命令指定的刀具轨迹，在此方式中不进行刀具半径的补偿。在中断带有刀具半径补偿的自动程序，用 MDI 方式输入命令时，在自动运行方式恢复后要注意刀具的路径。

（10）机床在程序控制下运行，若机床停止后进行加工程序的编辑（修改、插入或删除），此后再次启动机床恢复自动运行，机床将发生不可预料的动作。因此，当加工程序在使用时不要编辑程序。

（11）操作者应注意机床的日常维护和保养，如检查润滑装置上油标的液面位置是否符合要求，机床运转时有无异常声音、动作等，并做好机床及周边场所的清洁整理工作。

2. FANUC 0i Mate—TC 数控系统的操作面板

FANUC 0i Mate—TC 数控系统的操作面板由 3 部分组成，如图 1－1 所示。右上半部分为 FANUC 系统操作面板（MDI 键盘），左上部分为机床的 CRT 液晶显示屏，下半部分为机床操作面板，用于控制机床的运行状态，实现机床的基本操作。尽管不同生产厂家的机床在面板的布局和按键图标的表现形式上会有所差别，但其基本内容是相似的。

图 1－1　FANUC 0i Mate—TC 数控系统的操作面板

1）FANUC 系统 MDI 键功能介绍

FANUC 系统操作面板也称为 MDI 键盘，是由 FANUC 公司标配的，不同厂家的机床在这一部分上基本是相同的。其主要用于程序的输入与编辑、液晶显示屏显示内容的切换。MDI 键盘上各个键的功能见表 1－1。

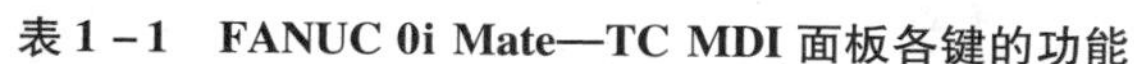

表1－1　FANUC 0i Mate—TC MDI 面板各键的功能

MDI 软键	功　能
↑PAGE ↓PAGE	软键↑PAGE实现左侧 CRT 显示内容的向上翻页；软键↓PAGE实现左侧 CRT 显示内容的向下翻页
↑ ← ↓ →	移动 CRT 中的光标位置，软键↑实现光标的向上移动；软键↓实现光标的向下移动；软键←实现光标的向左移动；软键→实现光标的向右移动
O P, N Q, G R, X U, Y V, Z W, M I, S J, T K, F L, H D, EOB E	实现字符的输入，点击SHIFT键后再点击字符键，将输入右下角的字符，例如：点击O P将在 CRT 的光标所处位置输入“O”字符，点击软键SHIFT后再点击O P将在光标所处位置处输入“P”字符；点击软键中的“EOB”将输入“;”号，表示换行结束
7 A, 8 B, 9 C, 4 [, 5], 6 SP, 1, 2 #, 3 =, -, 0, . /	实现字符的输入，例如：点击软键5将在光标所在位置处输入“5”字符，点击软键SHIFT后再点击5将在光标所在位置处输入“]”
POS	在 CRT 中显示坐标值
PROG	CRT 将进入程序编辑和显示界面
OFFSET SETTING	CRT 将进入参数补偿显示界面
SYS-TEM	CRT 将进入系统参数输入界面
MESS-AGE	CRT 将进入报警灯信息显示界面
CUSTOM GRAPH	在自动运行状态下将数控显示切换至轨迹模式
SHIFT	输入字符切换键
CAN	删除单个字符
INPUT	将数据域中的数据输入到指定的区域
ALTER	字符替换
INSERT	将输入域中的内容输入到指定区域
DELETE	删除一段字符
HELP	帮助信息显示
RESET	机床复位

2）机床面板按钮说明

机床操作面板是由数控机床生产厂家自行设计布置的，不同厂家生产的机床的操作面板的各按键位置会有所区别，按键上的功能标识有用图形符号表示的，也有直接用汉字标注其功能的。表 1－2 以沈阳机床厂出产的 CAK6140 型数控车床为例，介绍其各键的符号标示及功能。

表 1－2　数控机床操作面板按键的功能

按钮	名称	功能说明
操作模式	编辑	按此按钮，系统可进入程序编辑状态，用于直接通过操作面板输入数控程序和编辑程序
操作模式	MDI	按此按钮，系统可进入 MDI 模式，手动输入并执行指令
操作模式	自动	按此按钮，系统可进入自动加工模式
操作模式	手动	按此按钮，系统可进入手动模式，手动连续移动机床
操作模式	手轮（X）	按此按钮，系统可进入手轮/手动点动模式，并且进给轴向为 X 轴
操作模式	手轮（Z）	按此按钮，系统可进入手轮/手动点动模式，并且进给轴向为 Z 轴
操作模式	回零	按此按钮，系统可进入回零模式
0.001 1%　0.01 25%　0.1 50%　1 100%	手动点动/手轮倍率	在手动点动或手轮模式下按此按钮，可以改变步进倍率
	单段	此按钮被按下后，运行程序时每次执行一条数控指令
	跳步	此按钮被按下后，数控程序中的注释符号“/”有效
	机床锁住	按此按钮后，机床被锁住无法移动
	空运行	系统进入空运行模式
	电源开	按此按钮，系统总电源开
	电源关	按此按钮，系统总电源关
	数据保护	按此按钮可以切换允许/禁止程序执行

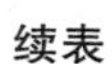

续表

按钮	名称	功能说明
	“急停”按钮	按下此按钮，机床移动立即停止，并且所有的输出如主轴的转动等都会关闭
主轴控制		控制主轴停止转动
		控制主轴正转
		控制主轴反转
	润滑	按此按钮可以手动润滑机床
	冷却液控制	按此按钮时喷出冷却液
	手动选刀	按此按钮，可以旋转刀架至所需刀具
	循环启动	程序运行开始；系统处于“自动运行”或“MDI”位置时按下有效，其余模式下使用无效
	进给保持	程序运行暂停，在程序运行过程中，按下此按钮运行暂停，按“循环启动”恢复运行
	X 负方向按钮	手动方式下，点击该按钮主轴将向 *X* 轴负方向移动
	X 正方向按钮	手动方式下，点击该按钮主轴将向 *X* 轴正方向移动
	Z 负方向按钮	手动方式下，点击该按钮主轴将向 *Z* 轴负方向移动
	Z 正方向按钮	手动方式下，点击该按钮主轴将向 *Z* 轴正方向移动
	快速移动按钮	按下该按钮系统进入手动快速移动模式
	手轮	将光标移至此旋钮上后，通过点击鼠标的左键或右键来转动手轮
	进给倍率	调节主轴运行时的进给速度倍率
	主轴倍率旋钮	通过此旋钮可以调节主轴转速倍率
	主轴倍率按键	通过按该按键，可以使主轴转速提高或降低 10%

3. 程序的编辑与管理

1）显示数控程序目录

（1）点击操作面板上的“编辑”键，编辑状态指示灯变亮，此时已进入编辑状态。

（2）点击 MDI 键盘上的“PROG”键，CRT 界面转入编辑页面。

（3）按菜单软键［LIB］，存储器中现有的数控程序名列表显示在 CRT 界面上，如图 1－2所示。

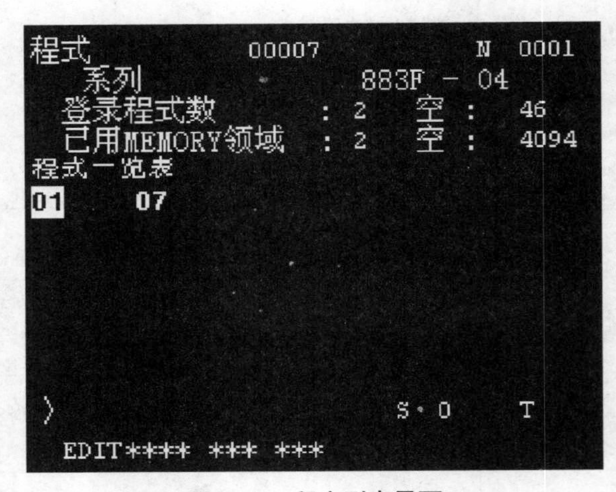

图1－2　程序列表界面

2）寻找并调出程序

（1）选择“工作方式”为“编辑”。

（2）按“PROG”键出现程序编辑画面。

（3）输入想调出的程序的程序号（例如 O0005）。

（4）按“PAGE↓”键即可调出程序。

3）删除数控程序

（1）选择“工作方式”为“编辑”。

（2）利用 MDI 键盘输入“O×”（“×”为要删除的数控程序在目录中显示的程序号），按“DELETE”键，该程序即被删除。

若输入“O～9999”，按“DELETE”键，则可删除全部数控程序。

4）新建一个 NC 程序

（1）选择“工作方式”为“编辑”。

（2）点击 MDI 键盘上的“PROG”键，CRT 界面转入编辑页面。

（3）利用 MDI 键盘输入“O×”（“×”为程序号，但不能与已有程序号重复），按“INSERT”键，CRT 界面上将显示一个空程序，利用 MDI 键盘依次输入程序内容。输入一段代码后，按“INSERT”键，则数据输入域中的内容将显示在 CRT 界面上，用回车换行键“EOB”结束一行的输入后换行。

（4）按“RESET”键，光标返回程序的起始位置。

5）编辑程序

选择“工作方式”为“编辑”。按“PROG”键出现程序编辑画面。

（1）修改字。

例：将“Z1.0”改为“Z1.5”。

① 将光标移到“Z1.0”的位置。

② 输入改变后的字“Z1.5”。

③ 按“ALTER”键即完成更替。

（2）删除字。

例：“G00 G97 G99 X30.0 S1500 T0101 M04 F0.1”，删除其中的字“X30.0”。

① 将光标移至该行的“X30.0”的位置。

② 按“DELETE”键即删除了“X30.0”，光标将自动移到“S1500”的位置。

（3）删除一个程序段。

例：O0100；

N1；

G50 S3000；　←删除这个程序段

G00 G97 G99 S1500 T0101 M04 F0.15。

① 将光标移至要删除的程序段的第一个字“G50”的位置。

② 按“EOB”键。

③ 按“DELETE”键即删除整个程序段。

（4）插入字。

例：G00 G97 G99 S1500 T0101 M04 F0.15。

在上面语句中加入“G40”，改为下面的形式：

G00 G40 G97 G99 S1500 T0101 M04 F0.15。

① 将光标移动至要插入字的前一个字的位置（G00）。

② 输入要插入的字（G40）。

③ 按“INSERT”键，出现“G00 G40 G97 G99 S1500 T0101 M04 F0.15”。

“EOB”也是一个字，也可被插入程序段中。

6）MDI 数据手动输入

（1）选择“工作方式”为“MDI”。

（2）按“PROG”键，出现程序输入画面。

（3）当画面左上角没有“MDI”标志时按“PAGE↓”键，直至出现“MDI”标志。

（4）输入数据，每输入一个字按“INSERT”键，直至输入完全部程序。

（5）按下“循环启动”按钮，即可运行。

（6）如需停止运行，按“循环停止”按钮暂停或按“RESET”键取消。

【任务实施】

实训项目　CAK4085 型车床的操作

1. 实训目的和要求

（1）掌握 CAK4085 型车床操作面板各按键的功能与机床的运行模式。
（2）掌握 FANUC 0i Mate—TC 数控系统程序的录入、编辑与管理方法。

2. 实训内容

（1）利用数控实训中心内的 CAK4085 型机床，完成机床开机上电、回参考点的操作。
（2）手动运行机床，完成 X、Z 轴的移动控制，并选择不同手动倍率，观察运动效果。
（3）手动使主轴正转、反转，并调节主轴倍率旋钮或按键，观察主轴旋转速率的变化。
（4）通过手轮控制机床各轴的运动，并调节手轮倍率，观察机床坐标的变化。
（5）将机床工作台移动到适当位置，利用机床的 MDI 功能，输入以下程序，采用单步运行方式，观察机床的动作和状态，并将其填入表 1－3。

表 1－3　机床的指令与相应动作和状态

指令	机床动作
T0202	
M03 S500	
G01 U100 W200	

（6）从“数控编程与加工”课程的教材中选取一完整程序，利用机床的 MDI 键盘，完成程序的新建、录入、编辑和修改，并在程序管理页面中查看，最后对该程序进行删除操作。

任务 2　外圆类零件的加工

【学习任务单】

<table>
<tr><td>学习任务 2</td><td>外圆类零件的加工</td></tr>
<tr><td>学习目标</td><td>1. 知识目标
（1）掌握 FANUC 0i Mate—TC 系统数控车床操作的一般流程；
（2）掌握外圆类零件加工的一般特点。
2. 能力目标
（1）能正确完成 FANUC 0i Mate—TC 系统数控车床对刀操作，并利用机床完成外圆类零件的自动加工；
（2）掌握外圆类零件的加工质量检验方法。
3. 素质目标
（1）培养学生在数控机床操作过程中具有安全操作、文明生产意识；
（2）培养学生在整个机床操作过程中的团队协作意识和吃苦耐劳的精神。</td></tr>
<tr><td colspan="2">1. 任务描述
外圆类零件是最简单的一类车削零件，在此任务中，利用加工一个完整的外圆类零件，学会机床的对刀操作方法，并能够完成外圆类零件自动加工的全过程。
2. 任务实施
（1）学生分组，每小组 3 ~ 5 人；
（2）小组按任务工单进行分析和资料学习；
（3）小组经过讨论确定任务结果，每小组由中心发言人陈述，经过全体同学讨论，确定正确结果；
（4）检查总结。
3. 相关资源
（1）教材；（2）教学课件；（3）机床操作说明书。
4. 教学要求
（1）认真进行课前预习，充分利用教学资源；
（2）充分发挥团队合作精神，正确完成工作任务；
（3）团队之间相互学习，相互借鉴，提高学习效率。</td></tr>
</table>

【背景知识】

FANUC 0i Mate—TC 系统数控车床的操作流程

1. 加工前的准备

1）电源的接通

（1）检查数控车床的外表是否正常（如后面电控柜的门是否关上、车床内部是否有其他异物）。

（2）打开位于车床后面电控柜上的主电源开关，应听到电控柜风扇和主轴电动机风扇开始工作的声音。

（3）按操作面板上的“系统启动”按钮接通电源，几秒钟后 CRT 显示屏出现画面，这时才能操作数控系统上的按钮，否则容易损坏机床。

（4）顺时针方向松开“急停”按钮。

（5）绿灯亮后，机床液压泵已启动，机床进入准备状态。

（6）如果在进行以上操作后，机床没有进入准备状态，检查是否有下列情况，进行处理后再按“系统启动”按钮：

① 是否按过操作面板上的“系统启动”按钮？如果没有，则按一次。

② 是否有某一个坐标轴超程？如果有，则对机床超程的坐标轴进行恢复操作。

③ 是否有警告信息出现在 CRT 显示屏上？如果有，则按照警告信息进行操作处理。

2）机床回参考点

若机床采用的是增量编码器，则在开机后必须先进行回参考点操作，对于绝对值编码器则不需进行此步操作。

（1）检查操作面板上的回零按钮 回零 的指示灯是否亮，若指示灯已亮，则已进入回零模式，否则点击按钮使系统进入回零模式。

（2）在回零模式下，先使 *X* 轴回原点，点击操作面板上的“*X* 正方向”按钮 ↓，此时 *X* 轴将回原点，回零指示灯 X轴回零 变亮，CRT 上的 *X* 坐标变为“600.00”。同样，再点击“*Z* 正方向”按钮，点击 →，*Z* 轴将回原点，回零指示灯 Z轴回零 变亮。

2. 工件与刀具的装夹

1）工件的装夹

（1）数控车床主要使用三爪自动定心卡盘，对于圆棒料，装夹时工件要水平安放，右手拿工件，左手旋紧卡盘扳手。

（2）工件的伸出长度一般比被加工工件大 10 mm 左右。

(3) 对于一次装夹不能满足形位公差要求的零件，要采用鸡心夹头夹持工件并用两顶尖顶紧的装夹方法。

(4) 用百分表找正工件，经校正后再将工件夹紧，工件找正工作随即完成。

2) *刀具安装*

将加工零件的刀具依次装夹到相应的刀位上，操作如下：

(1) 根据加工工艺路线分析，选定被加工零件所用的刀具号，按加工工艺的顺序安装。

(2) 选定1号刀位，装上第一把刀，注意刀尖的高度要与对刀点重合。

(3) 手动操作控制面板上的“刀架旋转”按钮，依次将加工零件的刀具装夹到相应的刀位上。

3. 对刀

在数控车床车削加工过程中，首先应确定零件的加工原点，以建立准确的工件坐标系。其次要考虑刀具的不同尺寸对加工的影响，这些都需要通过对刀来解决。常用的对刀方法为试切法，其对刀步骤如下：

(1) 切削工件外径对 X 坐标：点击机床面板上的“手动”按钮，指示灯亮，系统进入手动操作模式。点击控制面板上的“X 轴正向”↓或“X 轴负向”↑，使机床在 X 轴方向移动；同样按“Z 轴正向”→或“Z 轴负向”←，使机床在 Z 轴方向移动。通过手动方式将机床移到如图2-1所示的大致位置。

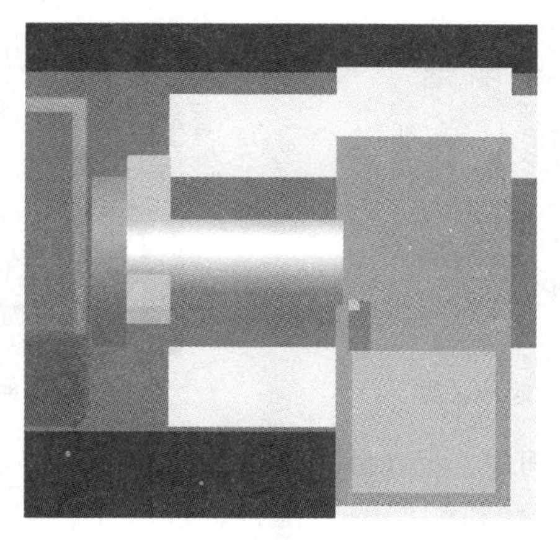

图2-1 试切法对刀的起始位置

点击操作面板上的“主轴正转”按键，使主轴转动。选择“手轮模式”，通过手轮控制机床沿“Z 轴负向”进给进行，用所选刀具来试切工件外圆，如图2-2所示，然后按“Z 轴正向”退刀，X 方向保持不动，将刀具退出。

(2) 测量切削外圆的直径：点击操作面板上的“主轴停止”按钮，使主轴停止转动，测量刚加工过的工件外圆直径，并记为值 a。

(3) 按下控制箱键盘上的OFFSET SETTING键，并点击屏幕下方的［形状］软键，进入如图2-3所示的刀具形状补偿页面。

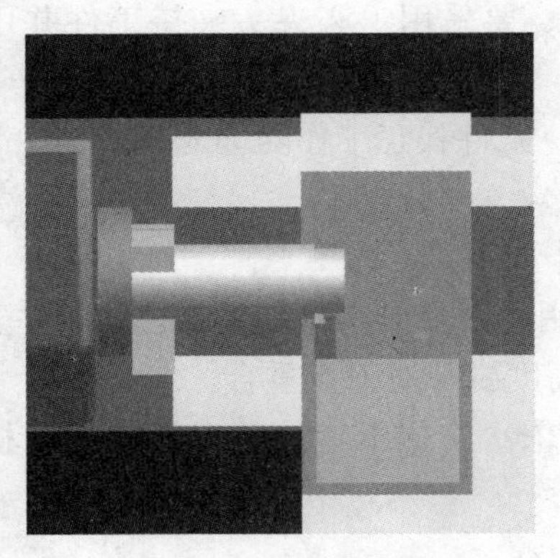

图 2－2　切削外圆

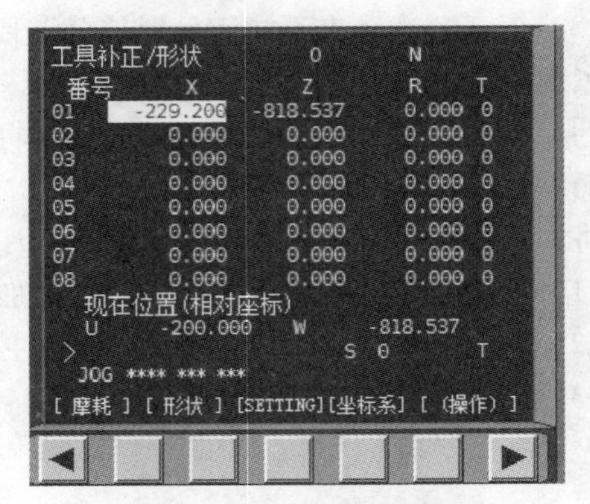

图 2－3　刀具形状补偿页面

（4）把光标定位在所对刀具的刀号所在行的 X 坐标位置。

（5）输入测得的直径值“$\times a$”，并点［测量］软键，系统会自动计算出补偿值，完成 X 轴对刀。

（6）切削端面对 Z 坐标：使主轴正转，将刀具移至如图 2－4 所示的位置，通过手轮控制机床沿“X 轴负方向”进给，切削工件端面，如图 2－5 所示，然后沿“X 轴正方向”退刀，Z 方向保持不动，将刀具退出。

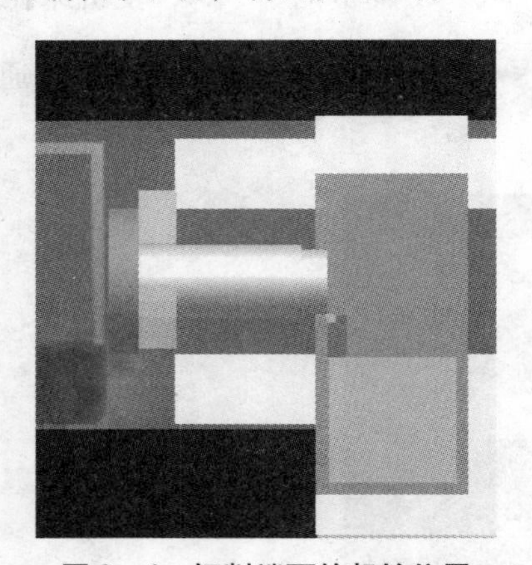

图 2－4　切削端面的起始位置

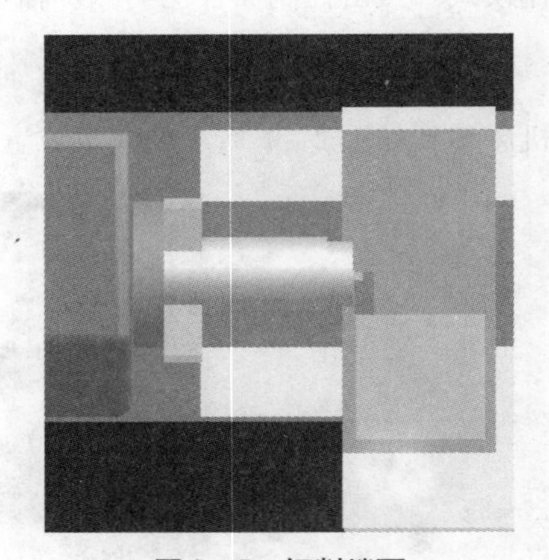

图 2－5　切削端面

（7）在刀具形状补偿页面中，把光标定位在所对刀具的刀号所在行的 Z 坐标位置。

（8）输入工件坐标系原点到端面的距离，若选取工件右端面为 Z 轴零点，则输入“$Z0$”，并点击“测量”软键，系统会自动计算出补偿值，完成 Z 轴对刀。

（9）对每把刀具重复上述步骤，机床会自动计算出偏置量并设定在相应的刀偏号中。

4. 进行程序的输入与编辑

程序输入与编辑的过程如任务 1 所述。

5. 空运行

1）试运行

（1）机床锁。按下机床操作面板上的“机床锁”按键，自动运行加工程序时，机床刀架并不移动，只是在 CRT 上显示各轴的移动位置。该功能可用于加工程序的检查。

注：用 G27、G28 指令，机床也不返回参考点，且指示灯不亮。

（2）辅助功能锁。

① 按下机床操作面板的“辅助功能锁”按键后，程序中的 M、S、T 代码指令被锁，不能执行。该功能与机床锁一起用于程序检测。

② M00、M01、M30、M98、M99 可正常执行。

2）空运行

（1）按下“空运行”按键，空运行指示灯变亮，不装工件，在自动运行状态下运行加工程序，机床空跑。

（2）操作中，程序指定的进给速度无效，根据参数的设定值运行。

6. 单段执行和首件试切削

1）单段执行

按下“单段”按键，其指示灯变亮，执行一个程序段后，机床停止。其后，每按一次循环启动按钮，则 CNC 执行一个程序段。

2）首件试切削

（1）当刀具、夹具、毛坯、程序等一切都已准备就绪后，即可进行工件的试切削。将机床锁住，空运行程序，检查程序中可能出现的错误。

（2）检查刀具在 X、Z 平面内走刀轨迹的情况。有时为了便于观察，可利用跳跃任选程序段的功能使刀具在贴近工件表面处走刀，进一步检查刀具的轨迹，以防止走刀轨迹出现错误或发生碰撞。

（3）一般首件试切削均采用单段执行，在试切工作中，同时观察屏幕上显示的程序、坐标位置、图形显示等，以确认各运行段的正确性。

（4）首件试切完毕后，应对其进行全面检测并进行磨损补偿，必要时进行适当的修改程序或调整机床，直到加工件全部合格后，程序编制工作才算结束，并应将已经验证的程序及有关资料进行妥善保存，便于以后的查询和总结。

3）磨损补偿

（1）按“OFS/SET”键和［磨耗］软键，使 CRT 出现如图 2－6 所示的画面。

（2）将光标移至需进行磨损补偿的刀具补偿号的位置。

当刀具磨损或工件加工后的尺寸有误差时，只要修改“刀具磨耗补偿”页面中每把刀具相应的补偿值中的数值即可。例如，测量用 T0202 刀具加工的工件外圆直径为 ϕ45.03 mm，长度为 20.05 mm，而规定直径应为 ϕ45 mm，长度应为 20 mm。实测值直径比要求值大 0.03 mm、长度大 0.05 mm，应进行磨损补偿：将光标移至“W02”，在 X 向补偿值位置内键入“－0.03”

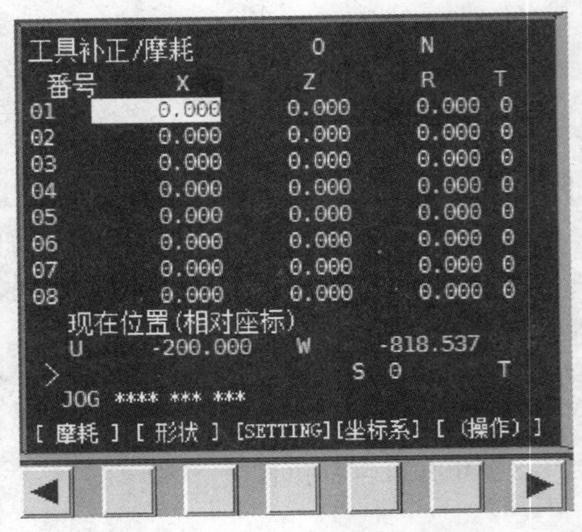

图 2-6　磨耗补偿页面

后按“INPUT”键，在 Z 向补偿值位置键入“-0.05”后按“INPUT”键，X 值变为在以前值的基础上加 -0.03 mm，Z 值变为在以前值的基础上加 -0.05 mm。如果补偿值中已经有数值，那么需要在原来数值的基础上进行累加，把累加后的数值输入。

7. 轴类零件的加工工艺

1）数控车削外圆柱面的加工方案

根据毛坯的制造精度和工件的加工要求，外圆柱面车削一般可分为粗车、半精车、精车、精细车。

粗车的目的是切去毛坯硬皮和大部分余量。加工后工件尺寸公差等级为 IT11 ~ IT13，表面粗糙度值为 *Ra*12.5 ~ *Ra*50 μm。

半精车的尺寸公差等级可达 IT8 ~ IT10，表面粗糙度值为 *Ra*3.2 ~ *Ra*6.3 μm。半精车可作为中等精度表面的终加工，也可作为磨削或精加工的预加工。

精车后的尺寸公差等级可达 IT7 ~ IT8，表面粗糙度值为 *Ra*0.8 ~ *Ra*1.6 μm。

精细车后的尺寸公差等级可达 IT6 ~ IT7，表面粗糙度值为 *Ra*0.025 ~ *Ra*0.4 μm。精细车尤其适合有色金属加工，有色金属一般不宜采用磨削，所以常用精细车代替磨削。

因此，可选择以下加工方案：

（1）加工公差等级为 IT8 ~ IT10、*Ra*3.2 ~ *Ra*6.3 μm 的除淬火钢以外的常用金属，可采用普通型数控车床，按粗车、半精车方案加工。

（2）加工公差等级为 IT7 ~ IT8、*Ra*0.8 ~ *Ra*1.6 μm 的除淬火钢以外的常用金属，可采用普通型数控车床，按粗车、半精车、精车的方案加工。

（3）加工公差等级为 IT6 ~ IT7、*Ra*0.025 ~ *Ra*0.4 μm 的除淬火钢以外的常用金属，可采用精密型数控车床，按粗车、半精车、精车、精细车的方案加工。

（4）加工公差等级高于 IT5、表面粗糙度值小于 *Ra*0.08 μm 的除淬火钢以外的常用金属，可采用高档精密型数控车床，按粗车、半精车、精车、精细车的方案加工。

（5）对淬火钢等难车削材料，其淬火前可采用粗车、半精车的方法，淬火后安排磨削加工；对最终工序有必要用数控车削方法加工的难切削材料，可参考有关难加工材料的数控车削方法进行加工。

2）轴类工件的加工方法

（1）车短小的工件时，一般先车某一端面，以便确定长度方向的尺寸；车铸锻件时，最好先适当倒角后再车削，以免刀尖容易碰到型砂和硬皮而使车刀损坏。

（2）轴类工件的定位基准通常选用中心孔。加工中心孔时，应先车端面后钻中心孔，以保证中心孔的加工精度。

（3）工件车削后还需磨削时，只需粗车或半精车，并注意留磨削余量。

【任务实施】

实训项目　外圆类零件的加工

1. 实训目的和要求

（1）进一步巩固 G00、G01、G02/03、G71、G70、G42 等指令的正确使用方法。

（2）学会分析简单轴类零件加工的工艺方法。

（3）掌握数控车床操作的完整流程。

（4）熟练掌握外圆类零件加工时的刀具安装及对刀方法。

（5）掌握利用刀具磨耗补偿来控制尺寸精度的基本方法。

2. 实训设备

CAK4085 型数控车床，SK50P 型数控车床，相关工具、刀具、量具。

3. 实训内容

加工如图 2－7 所示的零件，毛坯为 $\phi40\times62$ mm的棒料，材质为 45#钢，编制其粗加工和精加工程序，并加工出合格零件。

1）零件图纸分析

该零件表面由圆柱、圆锥、圆弧等表面组成，其中有两个直径尺寸有较严格的尺寸精度，表面粗糙度的要求也较严格。其尺寸标注完整，轮廓描述清楚。零件材料为 45#钢，无热处理和硬度要求。

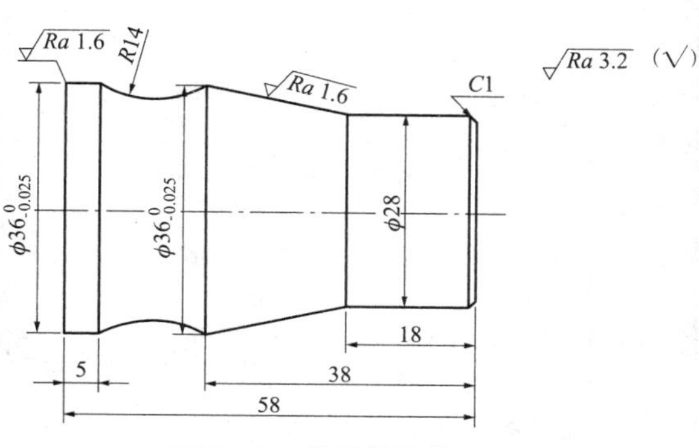

图 2－7　外圆类零件图

2）工艺分析

（1）加工方式。

① 图样上给定的几个精度要求较高的尺寸，因其公差数值较小，故编程时不必取平均值，而全部取其基本尺寸即可。

② 零件加工需装夹左端一次加工完成，切断时保证总长尺寸。

（2）装夹定位。

以毛坯轴线为定位基准，使用三爪自定心夹紧的装夹方式。

（3）编制加工工艺过程。

编制加工工艺过程卡，填入表 2－1 中。

表 2－1　加工工艺过程卡

加工步骤		刀具与切削参数			
工步	加工内容	刀具规格		主轴转速 n/（r·min^{-1}）	进给速度 F/（mm·r^{-1}）
		刀具号	刀具种类		
1					
2					

（4）工件坐标原点的确定。

加工时以对刀后的零件右端面中心为工件坐标原点。

4. 检验与考核

评分记录表见表 2－2。

表 2－2　评分记录表

试题	外圆加工	操作时间	60 min	姓名		总分		
序号	考核项目	考核内容及要求		评分标准	配分	检测结果	得分	备注
1	外圆尺寸	$\phi36_{-0.025}^{\ 0}$		超差 0.01 mm 尺寸相应减 5 分	15			
		$\phi28$		超差 0.1 mm 尺寸相应减 5 分	10			
		$R14$			10			
3	长度尺寸	58		超差 0.1 mm 尺寸相应减 5 分	10			
		38		超差无分	5			
		18		超差无分	5			
		5		超差无分	5			

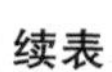

续表

试题	外圆加工	操作时间	60 min	姓名		总分		
序号	考核项目	考核内容及要求		评分标准	配分	检测结果	得分	备注
4	倒角尺寸	$C1$		超差无分	5			
5	其余尺寸	表面粗糙度 $Ra1.6$ μm		每降 1 级扣 3 分	10			
6	安全文明生产	（1）遵守机床安全操作规程； （2）刀具、工具、量具放置规范； （3）设备保养、场地整洁		每违反 1 处扣 1 分	5			
7	工艺合理	（1）工件定位、夹紧及刀具选择合理； （2）加工顺序及刀具轨迹路线合理		每违反 1 处扣 1 分	5			
8	程序编制	（1）指令正确，程序完整； （2）数值计算正确、程序编写表现出一定的技巧，简化计算和加工程序； （3）刀具补偿功能运用正确、合理； （4）切削参数、坐标系选择正确、合理		每错 1 处扣 2 分	15			
9	发生重大事故（人身和设备安全事故）、严重违反工艺原则和情节严重的野蛮操作等，由裁判长决定取消其实操资格							
记录员		监考人		检验员		考评员		

任务3　内孔类零件的加工

【学习任务单】

<table>
<tr><td>学习任务3</td><td>内孔类零件的加工</td></tr>
<tr><td>学习目标</td><td>1. 知识目标
（1）掌握内孔类零件的加工工艺方法；
（2）掌握内孔类零件加工质量的分析方法。
2. 能力目标
（1）掌握内孔类零件加工的刀具安装、对刀的实际操作；
（2）学会利用内孔尺寸检测工具进行加工质量的检验。
3. 素质目标
（1）培养学生在数控机床操作过程中具有安全操作、文明生产意识；
（2）培养学生在整个机床操作过程中的团队协作意识和吃苦耐劳的精神。</td></tr>
<tr><td colspan="2">1. 任务描述
内孔类零件也叫套类零件，其加工与精度控制要比外圆类零件困难。在此任务中，通过加工一个完整的内孔类零件，学会内孔类零件的刀具安装、对刀与加工的方法，并学会利用常见的内孔尺寸检测工具进行加工质量检验的方法。
2. 任务实施
（1）学生分组，每小组3～5人；
（2）小组按任务工单进行分析和资料学习；
（3）小组经过讨论确定任务结果，每小组由中心发言人陈述，经过全体同学讨论，确定正确结果；
（4）检查总结。
3. 相关资源
（1）教材；（2）教学课件；（3）机床操作说明书。
4. 教学要求
（1）认真进行课前预习，充分利用教学资源；
（2）充分发挥团队合作精神，正确完成工作任务；
（3）团队之间相互学习，相互借鉴，提高学习效率。</td></tr>
</table>

【背景知识】

内孔类零件的加工工艺与检测

1. 内孔类工件的加工方法

（1）一般把轴套、衬套等零件称为内孔类（套类）零件。为了与轴类工件相配合，套类工件上一般有精度要求较高的内轮廓，尺寸公差等级为IT7～IT8，表面粗糙度值要求达到 $Ra0.4 \sim Ra3.2\ \mu m$。

（2）内轮廓加工刀具由于受到孔径和孔深的限制，刀杆细而长，刚性差，因此对于切削用量的选择，如进给量和背吃刀量的选择较切削外轮廓时稍小。

（3）内轮廓切削时切削液不易进入切削区域，切屑不易排出，切削温度可能会较高，因此镗深孔时可以采用工艺性退刀，以促进切屑排出。

（4）内轮廓加工工艺常采用“钻→粗镗→精镗”，孔径较小时也可采用手动方式或MDI方式的“钻→铰”加工。

（5）大锥度锥孔表面加工可采用固定循环编程或子程序编程，一般直孔和小锥度锥孔采用钻孔后镗削。

（6）工件精度较高时，按粗、精加工交替进行内、外轮廓切削，以保证形位精度。

2. 孔加工的质量分析

在孔加工的过程中，如果同一工件具有不同的孔径，往往会造成某个孔径的尺寸超差，传统的普通车床是通过试切法加工得到补偿的，而数控车床一般使用同一把刀具连续加工各个孔，各个孔径上的尺寸偏差理论上虽然相同，但实际加工出来的工件的孔径偏差往往不同，从而造成某个尺寸的超差，也无法通过刀补使所有尺寸合格。这种误差主要受由工艺、切削热、操作方法、刀具、编程等因素的影响，实际加工时应综合考虑。

1）工艺因素

孔的各段孔径不同，造成刀具在切削不同段时的受力不同，导致各个孔径的偏差不同。在数控加工编程时，应考虑其自动加工的特点，尽可能使各段孔径的余量一致。

2）切削热因素

当加工余量过大时，刀具的高速、连续切削使工件散热较慢，虽然各段孔径的偏差相同，但至常温后，不同孔径段的收缩情况不同，从而导致不同的偏差，这种误差可以通过切削液来消除，同时编程时要选择合适的切削速度、进给量和合理的加工余量。

3）操作方法因素

刀具安装不正确（如刀尖与主轴旋转中心不等高）会导致孔径偏差，这种误差会出现在车削阶梯内孔或孔径较小的零件中。这种误差因素可以通过重新调刀，使刀具刀尖的位置尽量和主轴旋转中心线保持一致。

4）刀具因素

刀具的磨损是造成加工误差的一个重要因素，一般表现在刀具初期磨损阶段和剧烈磨损阶段，这种误差因素只需在安装刀具前认真用磨石修磨刀具并及时更换不能修复的刀具就可避免。

5）编程因素

程序编制不当也是造成加工误差的一个因素，例如，在加工不同阶梯内孔或精度不同的工件时，就应考虑此时很难调到准确的刀尖高度，可以采用一把刀用几组刀补的方法进行编程。除此之外，还应考虑反向间隙补偿值是否正确等因素。

另外，在加工小孔零件时，由于车孔刀的刀杆较细，径向力基本相同，刀杆变形也基本相同，不会对工件造成太大的误差。垂直方向虽然比较敏感，但实际加工时也没必要计算。在编程时，一般首先考虑采用一把刀具几组刀补的方法来编写，另外要尽量选用较短的内孔车刀，以提高刀杆的刚性。

3. 孔径的测量

孔径尺寸精度要求较低时，可以采用金属直尺、游标卡尺进行测量，当精度要求较高时，常采用塞规、内径千分尺和内测千分尺、内径百分表等量具测量，测量时注意正确使用量具。

1）塞规

用塞规检测孔径时，当过端进入孔内而止端不能进入孔内时，说明工件孔径合格。

2）内径千分尺

内径千分尺的使用方法如图 3－1 所示。测量时，内径千分尺应在孔内摆动，在直径方向应找出最大尺寸，在轴向应找出最小尺寸，这两个重合尺寸就是孔的实际尺寸。

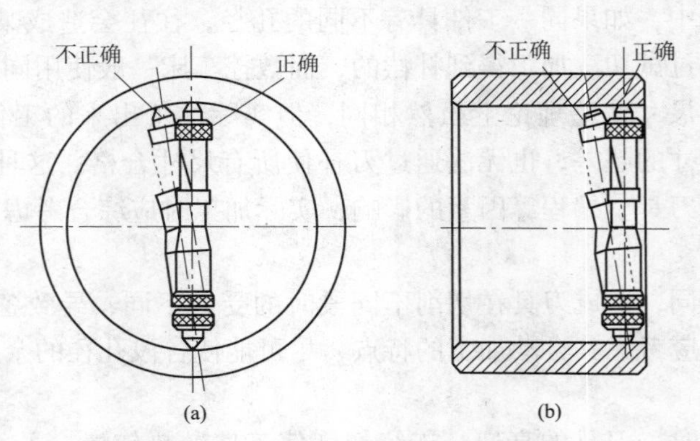

图 3－1　内径千分尺的使用方法

（a）直径方向应最大；（b）轴向应最小

3）内测千分尺

当孔径小于 25 mm 时，可用内测千分尺测量。内测千分尺及其使用方法如图 3－2 所示。这种千分尺的刻线方法与外径千分尺相反，当微分筒顺时针转动时，活动爪向右移动，量值增大。

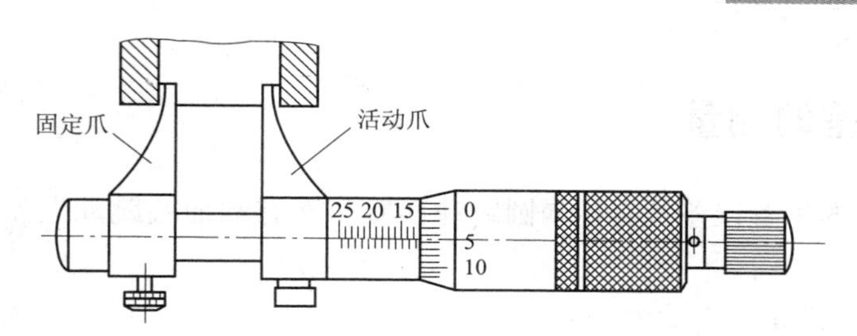

图 3-2　内测千分尺及其使用方法

4）内径百分表

内径百分表如图3-3所示。内径百分表用对比法测量孔径，因此使用时应先根据被测量工件的内孔直径，用千分尺将内径表对准“零”位后方可进行测量。其测量方法如图3-4所示，取最小值为孔径的实际尺寸。

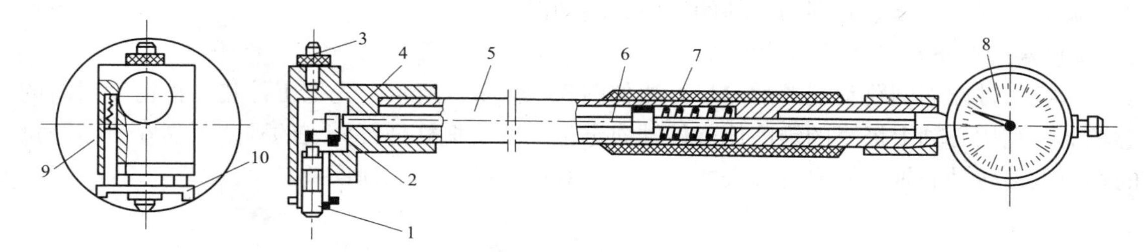

图 3-3　内径百分表

1—活动量杆；2—等臂杠杆；3—固定量杆；4—壳体；5—长管；6—推杆；7、9—弹簧；8—百分表；10—定位块

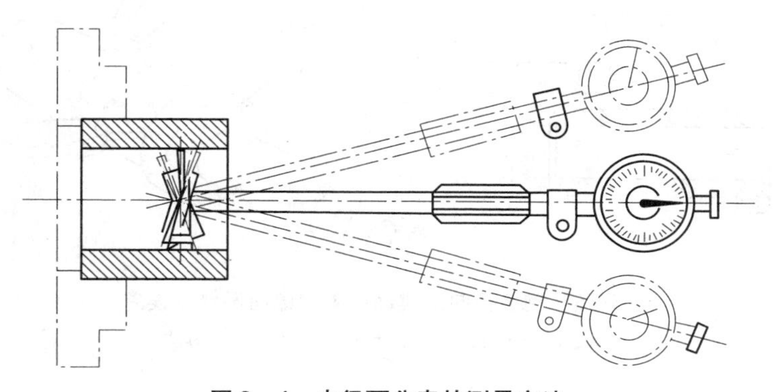

图 3-4　内径百分表的测量方法

4. 形状误差的测量

对于套类工件的孔的形状精度，一般仅测量孔的圆度误差和圆柱度误差两项。当孔的圆度要求不是很高时，在生产时可用内径百分表（或千分表）在孔的圆周的各个方向上测量，测量结果中的最大值与最小值之差的一半即为圆度误差。测量孔的圆柱度时，只要在孔的全长上取前、后、中几点，比较其测量值，其最大值与最小值之差的一半即为孔全长上的圆柱度误差。

5. 位置误差的测量

一般套类工件的位置误差既有径向圆跳动误差，又有端面圆跳动误差，如图3－5（a）所示。其测量方法如下。

1）径向圆跳动误差的测量方法

测量时，用内孔作基准，把工件套在精度很高的心轴上，用百分表（或千分表）来检测，如图3－5（b）所示。百分表在工件转一周时所得的读数差，就是径向圆跳动误差。对某些内部形状比较复杂的套筒，不能把仪器装在心轴上测量径向圆跳动误差时，可把工件放在V形架上，如图3－6所示，轴向定位，以外圆为基准来检测。测量时，将杠杆百分表的测杆插入孔内，使圆测头接触内孔表面，转动工件，观察百分表指针跳动的情况。百分表在工件旋转一周中的读数差即为工件的径向圆跳动误差。

2）端面圆跳动误差的测量方法

套类工件端面圆跳动误差的测量方法如图3－5（b）所示。先把工件装夹在精度很高的心轴上，利用心轴上极小的锥度使工件轴向定位，然后把杠杆百分表的圆测头靠在所需测量的端面上，转动心轴，测得百分表的读数差，其即为端面圆跳动误差。

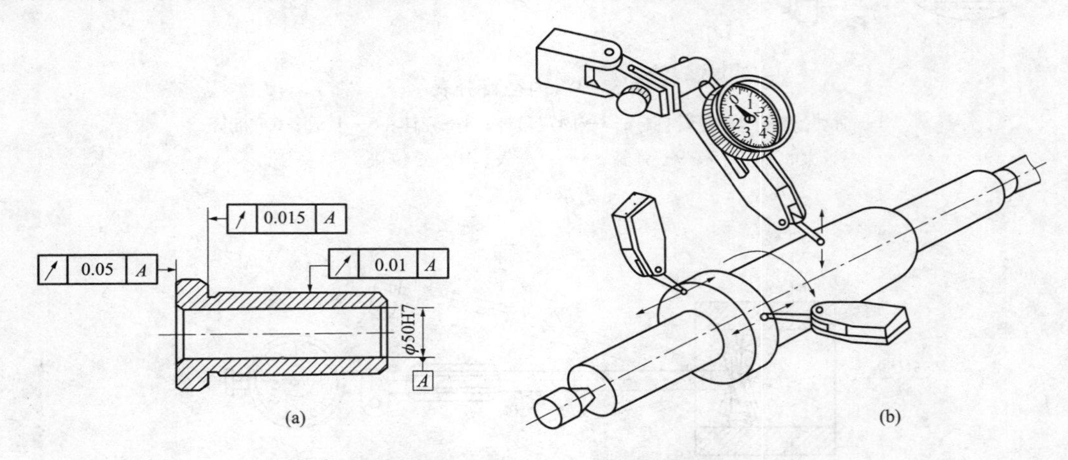

图3－5　测量径向圆跳动误差与端面圆跳动误差

（a）套类工件的跳动公差要求；（b）测量方法

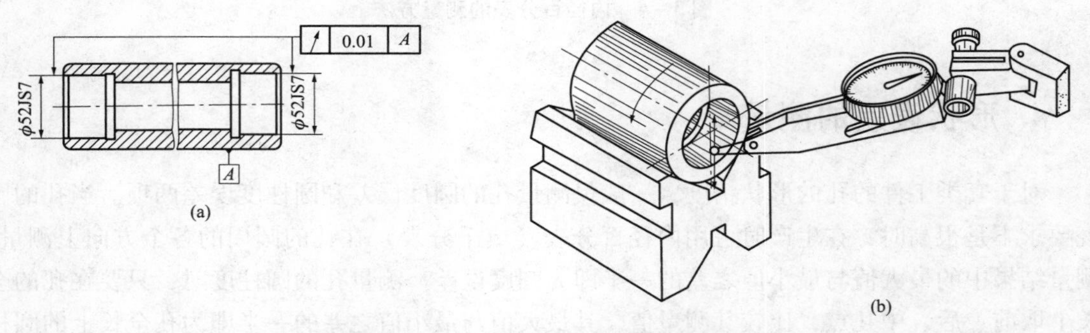

图3－6　在V形架上测量径向圆跳动误差

【任务实施】

实训项目　内孔类零件的加工实训

1. 实训目的和要求

（1）学习内孔加工的工艺方法和技巧。
（2）复习内孔加工相关指令的使用。
（3）掌握镗孔刀切削用量选择的原则。
（4）熟练掌握镗孔刀的安装及对刀方法。
（5）掌握镗孔刀的刀补方法，正确区别它与外圆刀的刀补方法的不同之处。
（6）学会内孔加工质量检验的方法与操作。

2. 实训设备

CAK4085型数控车床，SK50P型数控车床，相关工具、刀具、量具。

3. 实训内容

加工如图3－7所示的零件。毛坯为ϕ40 mm的棒料，底孔长28 mm，直径为ϕ25 mm，已钻好，编制其粗、精加工程序并加工出合格的零件。

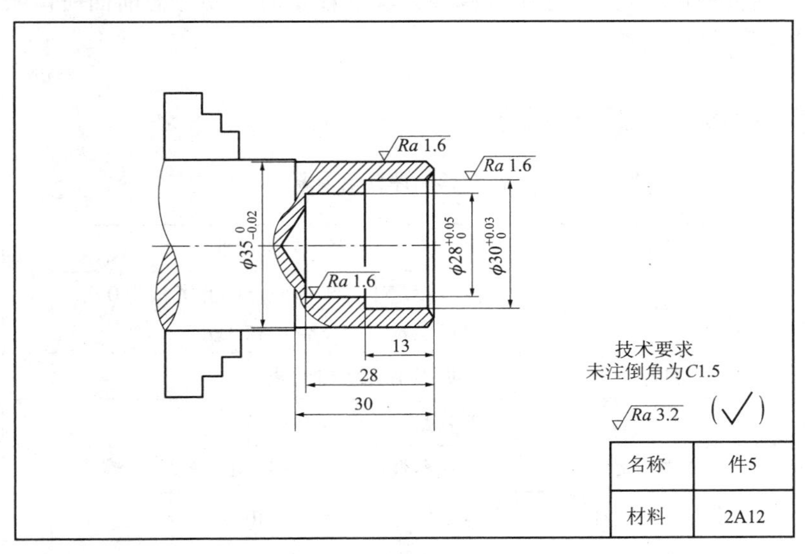

图3－7　内孔类零件

（1）分析图样，确定加工工艺过程，计算刀尖运动轨迹。
填写数控加工工序卡，见表3－1。

表 3-1 内孔加工工序卡

数控加工工序（工步）卡片		零件图号		零件名称		材料	使用设备	
工步号	工步内容	刀具号	刀具名称	刀具规格	主轴转速/（$r \cdot min^{-1}$）	进给量/（$mm \cdot r^{-1}$）	刀具半径补偿	备注

（2）编写零件加工程序单；输入数控装置；进行图形模拟演示，检查程序是否合格。

（3）准备好加工必需的工装、量具，检查并装夹毛坯，安装好与程序对应的刀具。

（4）依次在工件毛坯上对好每一把刀在 X、Z 方向的坐标值。

（5）修改刀具的磨耗，留余量；自动运行程序。

（6）测量尺寸，根据工件图样要求的尺寸精度修改刀具磨耗量；再次运行程序，加工出合格的工件。在控制内孔尺寸时，选取合适的量具对其进行检测。

4. 注意事项

（1）内孔加工的进刀方向和退刀方向与外圆柱面加工时刚好相反。

（2）根据工件图样要求的尺寸精度修改刀具磨耗量时，要考虑前面所留余量的磨耗值，注意“+”、“-”方向不能弄反。

5. 检验与考核（表 3-2）

表 3-2 评分记录表

	序号	考核内容	考核标准	满分	成绩
编程	1	设置工件坐标系	没有设定工件坐标原点则此考核为 0 分；原点位置设定不合理扣 3 分	3	
	2	刀具布置	每把刀不合理扣 1 分	4	
	3	工艺路线	工艺路线不合理扣 10 分	20	
		工艺参数	工艺参数选择不合理扣 10 分		
	4	换刀点的选择	与工件等发生干涉全扣	5	
	5	数控指令的使用	一般性指令错 1 处扣 1 分，出现 1 处危险性指令扣 5 分	15	
	6	程序结构	无程序名扣 1 分，程序格式与系统不相符全扣	3	

续表

	序号	考核内容	考核标准	满分	成绩
操作	1	程序输入	超过 6 min 全扣	2	
	2	图形模拟演示	检查程序合格	3	
	3	对刀操作	方法正确，每把刀 2 分	8	
	4	自动运行程序	操作过程正确	2	
	5	刀具补偿、调整尺寸	方法错误全扣	2	
	6	安全操作	符合安全操作规程	3	
工件	1	外圆 $\phi35_{-0.02}^{0}$ mm	每超差 0.01 mm 扣 1.5 分，超 0.03 mm 全扣	7	
	2	内孔 $\phi28_{0}^{+0.05}$ mm	每超差 0.01 mm 扣 1 分，超 0.05 mm 全扣	8	
	3	内孔 $\phi30_{0}^{+0.03}$ mm	每超差 0.01 mm 扣 1 分，超 0.07 mm 全扣	8	
	4	长度 13 mm、28 mm、30 mm	每处 1 分	3	
	5	倒角 $C1.5$ 两处	每处 0.5 分	1	
	6	表面粗糙度数值 $Ra1.6$ μm 三处	每超差 1 处扣 1 分	3	
	总计			100	

任务4　螺纹类零件的加工

【学习任务单】

<table>
<tr><td>学习任务4</td><td>螺纹类零件的加工</td></tr>
<tr><td>学习目标</td><td>1. 知识目标
(1) 掌握螺纹类零件的加工工艺方法;
(2) 掌握螺纹类零件的检测方法与原理。
2. 能力目标
(1) 掌握螺纹类零件加工的刀具安装、对刀的实际操作;
(2) 学会利用螺纹检测工具进行加工质量的检验。
3. 素质目标
(1) 培养学生在数控机床操作过程中具有安全操作、文明生产意识;
(2) 培养学生在整个机床操作过程中的团队协作意识和吃苦耐劳的精神。</td></tr>
<tr><td colspan="2">1. 任务描述
螺纹类零件是常见的连接件，在实际中有广泛的应用。在此任务中，通过对螺纹类零件加工要点的学习，掌握螺纹类零件的刀具安装、对刀与加工的方法，并学会利用相关检具对螺纹进行加工质量检验的操作方法。
2. 任务实施
(1) 学生分组，每小组3~5人;
(2) 小组按任务工单进行分析和资料学习;
(3) 小组经过讨论确定任务结果，每小组由中心发言人陈述，经过全体同学讨论，确定正确结果;
(4) 检查总结。
3. 相关资源
(1) 教材; (2) 教学课件; (3) 机床操作说明书。
4. 教学要求
(1) 认真进行课前预习，充分利用教学资源;
(2) 充分发挥团队合作精神，正确完成工作任务;
(3) 团队之间相互学习，相互借鉴，提高学习效率。</td></tr>
</table>

【背景知识】

螺纹加工的要点与精度检测

1. 螺纹加工的主轴转速和进给速度

进行螺纹切削时，数控车床根据主轴上的位置编码器发出的脉冲信号，控制刀具进给运动形成螺旋线，主轴每转一转，刀具进给一个螺距。例如，切削螺距为 2 mm 的螺纹，即主轴每转的刀具进给量为 2 mm，相应刀具的进给量就是 2 mm/r，而车削工件时常选择的刀具进给速度为 0.2 mm/r。由此可以看出，螺纹切削时的刀具进给速度非常快，因此，螺纹切削时要选择较低的主轴转速，以降低刀具的进给速度。另外，螺纹切削速度很快，加工前一定要在确认加工程序和加工过程正确后方可加工，防止出现意外事故。

2. 车削螺纹时的常见问题

（1）车刀安装得过高或过低。车刀安装得过高时，则吃刀到一定深度时，车刀的后刀面会顶住工件，增大摩擦力，甚至把工件顶弯；车刀安装得过低，则切屑不易排出，车刀径向力的方向是工件中心，致使吃刀深度不断自动趋向加深，从而把工件抬起，出现啃刀现象。此时，应及时调整车刀的高度，使其刀尖与工件的轴线等高。在粗车和半精车时，刀尖位置比工件的中心高出 1% D 左右（D 表示被加工工件的直径）。

（2）工件装夹不牢。工件装夹时伸出过长或本身的刚性不能承受车削时的切削力，因而产生过大的挠度，改变了车刀与工件的中心高度（工件被抬高了），导致切削深度增加，出现啃刀现象。因此，应把工件装夹牢固，可使用一夹一顶装夹等，以增加工件的刚性。

（3）牙形不正确。车刀安装不正确，没有采用螺纹样板对刀，刀尖产生倾斜，造成螺纹的半角误差；车刀刃磨时刀尖测量有误差，产生不正确的牙形。

（4）刀片与螺距不符。当使用定螺距刀片加工螺纹时，刀片的加工范围与工件的实际螺距不符，会造成牙型不正确甚至发生撞刀事故。

（5）切削速度过高。进给伺服系统无法快速地响应，造成乱牙现象。因此，加工螺纹时不能盲目地追求高速、高效加工。

（6）螺纹表面粗糙。车刀刃磨得不光滑，切削液使用不适当，切削参数和工作材料不匹配，系统刚性不足，切削过程产生振动等都会导致螺纹表面粗糙。

3. 螺纹的测量

1）单项测量法

单项测量法是用量具测量螺纹的某一项参数。

（1）螺距的测量。对一般精度要求的螺纹，螺距常用游标卡尺和螺距规进行测量。

(2) 大、小径的测量。外螺纹的大径和内螺纹的小径的公差都比较大，一般用游标卡尺或螺纹千分尺测量。

(3) 中径的测量。

① 用螺纹千分尺测量。对三角形螺纹的中径，用螺纹千分尺测量，如图4-1所示。螺纹千分尺的刻线原理和读数方法与普通千分尺相同，所不同的是螺纹千分尺附有两套（60°和55°），适用于不同牙型角和不同螺距的测量头。测量头可根据测量的需要进行选择，然后分别插入千分尺的测杆和砧座的孔内。注意，每次更换测量头之后，必须调整砧座的位置，使千分尺对准零位。

测量时，与螺纹牙型角相同的上、下两个测量头应正好卡在螺纹的牙侧。从图4-1（b）中可以看出，*ABCD* 是一个平行四边形，因此，测得的尺寸 *AD*，就是中径的实际尺寸。

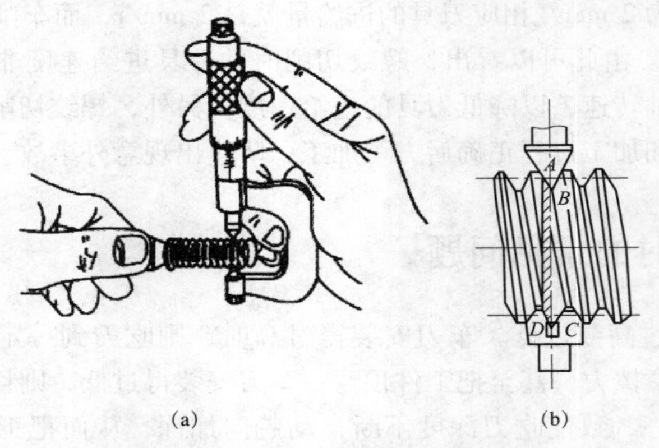

图4-1 用螺纹千分尺测量螺纹中径

② 用三针测量。用三针测量外螺纹中径是一种比较精密的测量方法。测量时，把三根针放置在螺纹两侧相对应的螺旋槽内，用千分尺测出两边量针顶点之间的距离 *M*，如图4-2所示，根据 *M* 值可以计算出螺纹中径的实际尺寸。用三针测量时，*M* 值和中径的计算公式见表4-1。

三针测量用的量针的直径（d_D）不能太大。量针直径的最大值、最佳值和最小值可在表中查出。选择量针时，应尽量接近最佳值，以便获得较高的测量精度。

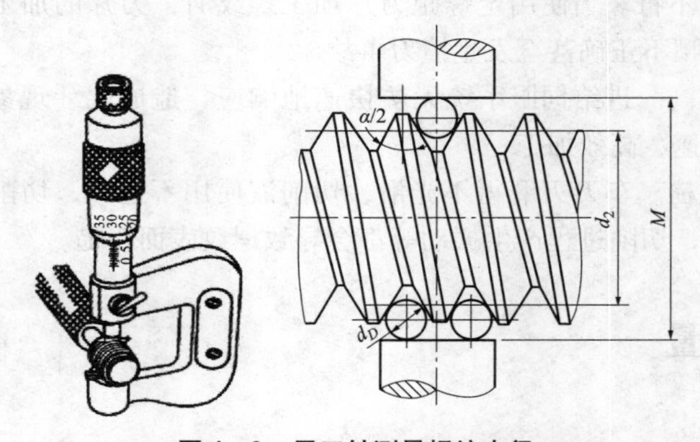

图4-2 用三针测量螺纹中径

表4-1　用三针测量时螺纹的计算公式

螺纹牙型角 α	M 值的计算公式	量针直径 d_D		
		最大值	最佳值	最小值
60°（普通螺纹）	$M=d_2+3d_D-0.866P$	$1.01P$	$0.577P$	$0.505P$
55°（英制螺纹）	$M=d_2+3.166d_D-0.961P$	0.849～0.029 mm	$0.564P$	0.481～0.016 mm
30°（梯形螺纹）	$M=d_2+4.864d_D-1.866P$	$0.656P$	$0.518P$	$0.486P$

2）综合测量法

综合测量法是用螺纹量规对螺纹各主要参数进行综合性测量。螺纹量规包括螺纹塞规和螺纹环规，如图4-3所示。螺纹塞规用于测量内螺纹，螺纹环规用于测量外螺纹，它们都分为通规和止规两种，在使用中不能搞错。如果通规能够拧入，而止规不能拧入，则证明螺纹尺寸及精度合格。如果通规难以拧入，应对螺纹的各直径尺寸、牙型角、牙型半角和螺距等进行检查，经修正后再用量规检验。

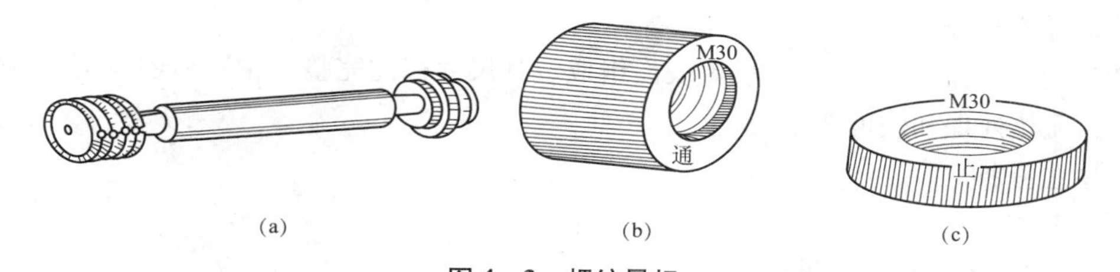

图4-3　螺纹量规

（a）塞规；（b）、（c）环规

【任务实施】

实训项目　螺纹类零件的加工

1. 实训目的和要求

（1）学习外螺纹加工的工艺方法和技巧。
（2）复习螺纹加工相关指令的使用方法。
（3）掌握螺纹刀进给方式及切削用量选择的方法。
（4）熟练掌握螺纹刀的安装及对刀方法。
（5）学会螺纹加工质量检验的方法与操作。

2. 实训设备

CAK4085型数控车床，SK50P型数控车床，相关工具、刀具、量具。

3. 实训内容

加工如图 4 –4 所示的零件，毛坯为 $\phi30\times45$ 的棒料，材质为 45 钢。

$\sqrt{Ra\ 3.2}$ （√）

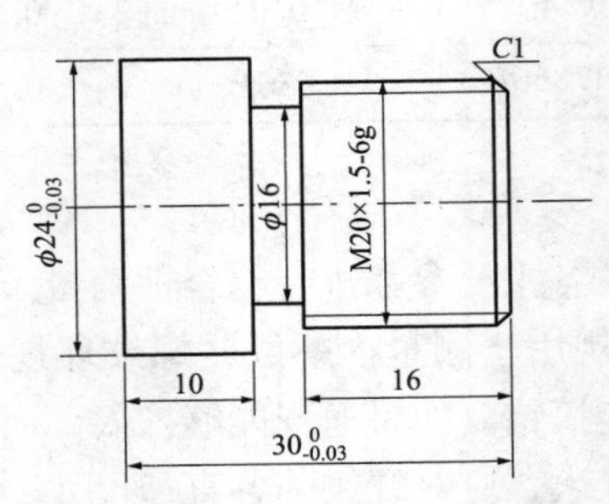

图 4 –4　外螺纹类零件

1）零件图纸分析

该零件表面由圆柱、槽、螺纹等表面组成。其尺寸标注完整，轮廓描述清楚。零件材料为 45 钢，无热处理和硬度要求。

2）工艺分析

（1）刀具选择。

填写数控加工刀具卡，见表 4 –2。

表 4 –2　螺纹加工数控加工刀具卡

序号	刀具号	加工表面	刀尖半径	备注

（2）制定加工工艺。

填写数控加工工序卡，见表 4 –3。

表 4 –3　螺纹加工工序卡

数控加工工序（工步）卡片		零件图号		零件名称		材料	使用设备	
工步号	工步内容	刀具号	刀具名称	刀具规格	主轴转速/$(r\cdot min^{-1})$	进给量/$(mm\cdot r^{-1})$	刀具半径补偿	备注

（3）装夹定位。

以毛坯轴线为定位基准，使用三爪自定心夹紧的装夹方式。

4. 检验与考核（表 4-4）

表 4-4　评分记录表

<table>
<tr><td>试题名称</td><td>外螺纹件</td><td>操作时间</td><td>60 min</td><td>姓名</td><td></td><td>总分</td><td></td></tr>
<tr><td>序号</td><td>考核项目</td><td colspan="2">考核内容及要求</td><td>评分标准</td><td>配分</td><td>检测结果</td><td>得分</td></tr>
<tr><td rowspan="2">1</td><td rowspan="2">外圆尺寸</td><td colspan="2">$\phi24_{-0.03}^{0}$</td><td>每超差 0.01 mm 尺寸相应减 5 分</td><td>15</td><td></td><td></td></tr>
<tr><td colspan="2">$\phi16$</td><td>每超差 0.1 mm 尺寸相应减 5 分</td><td>10</td><td></td><td></td></tr>
<tr><td>2</td><td>螺纹尺寸</td><td colspan="2">M20×1.5</td><td>酌情扣 1～15 分</td><td>15</td><td></td><td></td></tr>
<tr><td rowspan="3">3</td><td rowspan="3">长度尺寸</td><td colspan="2">$30_{-0.03}^{0}$</td><td>每超差 0.1 mm 尺寸相应减 5 分</td><td>10</td><td></td><td></td></tr>
<tr><td colspan="2">16</td><td>超差无分</td><td>5</td><td></td><td></td></tr>
<tr><td colspan="2">10</td><td>超差无分</td><td>5</td><td></td><td></td></tr>
<tr><td>4</td><td>倒角尺寸</td><td colspan="2">C1</td><td>超差无分</td><td>5</td><td></td><td></td></tr>
<tr><td>5</td><td>其余尺寸</td><td colspan="2">表面粗糙度 Ra3.2 μm</td><td>没降 1 级扣 2 分</td><td>10</td><td></td><td></td></tr>
<tr><td>6</td><td>安全文明生产</td><td colspan="2">（1）遵守机床安全操作规程；
（2）刀具、工具、量具放置规范；
（3）设备保养、场地整洁</td><td>每错 1 处扣 1 分</td><td>5</td><td></td><td></td></tr>
<tr><td>7</td><td>工艺合理</td><td colspan="2">（1）工件定位、夹紧及刀具选择合理；
（2）加工顺序及刀具轨迹路线合理</td><td>每错 1 处扣 1 分</td><td>5</td><td></td><td></td></tr>
<tr><td>8</td><td>程序编制</td><td colspan="2">（1）指令正确，程序完整；
（2）数值计算正确、程序编写有表现出一定的技巧，简化计算和加工；
（3）刀具补偿功能运用正确、合理；
（4）切削参数、坐标系选择正确、合理</td><td>每错 1 处扣 2 分</td><td>15</td><td></td><td></td></tr>
<tr><td>9</td><td colspan="6">发生重大事故（人身和设备安全事故）、严重违反工艺原则和情节严重的野蛮操作等，由裁判长决定取消其实操资格</td><td></td></tr>
<tr><td>工件号</td><td colspan="2"></td><td>检验员</td><td colspan="4"></td></tr>
</table>

任务5　配合件的车削加工

【学习任务单】

<table>
<tr><td>学习任务5</td><td>配合件的车削加工</td></tr>
<tr><td>学习目标</td><td>1. 知识目标
（1）掌握在数控车床上进行配合件加工的工艺方法；
（2）掌握提高配合件加工质量的一般措施。
2. 能力目标
掌握配合类零件的加工实际操作。
3. 素质目标
（1）培养学生在数控机床操作过程中具有安全操作、文明生产意识；
（2）培养学生在整个机床操作过程中的团队协作意识和吃苦耐劳的精神。</td></tr>
<tr><td colspan="2">1. 任务描述
通过对配合零件加工要点的学习，掌握提高配合类零件加工质量的措施和方法，并能实际加工轴套配合类零件，使之满足配合要求。
2. 任务实施
（1）学生分组，每小组3～5人；
（2）小组按任务工单进行分析和资料学习；
（3）小组经过讨论确定任务结果，每小组由中心发言人陈述，经过全体同学讨论，确定正确结果；
（4）检查总结。
3. 相关资源
（1）教材；（2）教学课件；（3）机床操作说明书。
4. 教学要求
（1）认真进行课前预习，充分利用教学资源；
（2）充分发挥团队合作精神，正确完成工作任务；
（3）团队之间相互学习，相互借鉴，提高学习效率。</td></tr>
</table>

【背景知识】

配合件的加工要求

1. 配合件加工的基本要求

配合件的尺寸要求为：属于间隙配合的配合件中，孔类工件一般采用上偏差，轴类工件一般采用下偏差；属于过渡配合时，则根据尺寸公差要求加工。

加工时先加工的零件要按图样要求检测工件，保证零件的各项技术要求。后加工的配合件一定要在工件不拆卸的情况下进行试配，保证配合技术要求。

2. 提高零件加工质量的措施

数控加工时，零件的表面粗糙度是重要的质量指标，只有在尺寸精度合格的同时，其表面粗糙度达到图样要求，才能算合格零件，所以，要保证零件的表面质量，应该采取以下措施：

（1）工艺。数控车床所能达到的经济表面粗糙度值一般为 $Ra1.6$ ~ $Ra3.2$ μm，如果超过了 $Ra1.6$ μm，应该在工艺上采取更为经济的磨削方法或者其他精加工技术措施。

（2）刀具。要根据零件材料的牌号和切削性能正确选择刀具的类型、牌号和几何参数，特别是前角、后角和修光刃对提高表面加工质量很有帮助。

（3）切削用量。在零件精加工时，切削用量的选择是否合理直接影响表面加工质量，如果精加工余量已经很小，当精车达不到表面粗糙度要求时，再采取技术措施精车一次就有尺寸超差的危险。因此加工时要注意以下几点：

① 精车时选择较高的主轴转速和较小的进给量，以降低表面粗糙度值。

② 对于硬质合金车刀，要根据刀具的几何角度，合理留出精加工余量。例如，正常前角的刀具加工时，精加工余量要小；负前角的刀具加工时，精加工余量要适当大一些。又如刀尖圆角半径对表面粗糙度的影响较大，精加工时应该有较小的刀尖圆角半径和较小的进给量，建议精加工时刀尖圆角半径 $r=0.4$ ~ 0.6 mm，进给量 $f=0.25$ mm/r。

③ 针对表面粗糙度不易达到的某些难加工材料，可选用相应的带涂层刀片的机夹式车刀来精加工，这有利于降低表面粗糙度值。

④ 车削螺纹时，除了保证螺纹的尺寸精度外，还要达到表面粗糙度的要求。由于径向车螺纹时两侧刃和刀尖都参加切削，负荷较大，容易引起振动，使螺纹表面产生波纹。所以，每次的背吃刀量不宜太大，而且要逐渐减小，最后一次可以空走刀精车，以切除加工中弹性让刀的余量。

对于螺距较大的螺纹（$P>3$ mm），在螺纹切削工艺方面应采取螺纹侧面切削或轴向切削方法，这样可以减少切削负荷和切削中的振动，有效提高螺纹的表面质量。

【任务实施】

实训项目　车削配合件的加工实训

1. 实训目的和要求

（1）掌握配合件的车削工艺和加工方法。

（2）掌握尺寸精度、形状位置公差和表面粗糙度的综合控制方法，保证配合精度。

（3）能按照装配图的技术要求完成配合件零件的加工与装配。

（4）正确使用各种车削检测量具并能够对配合件进行质量分析。

2. 实训设备

CAK4085 型数控车床，SK50P 型数控车床，相关工具、刀具、量具。

3. 实训内容

图 5－1 所示的配合件分别由圆锥心轴和锥套两个零件组成，要求加工零件，使其配合后满足装配要求，零件毛坯尺寸为 $\phi50$ mm × 45 mm 和 $\phi50$ mm × 110 mm，材料为 45 钢。

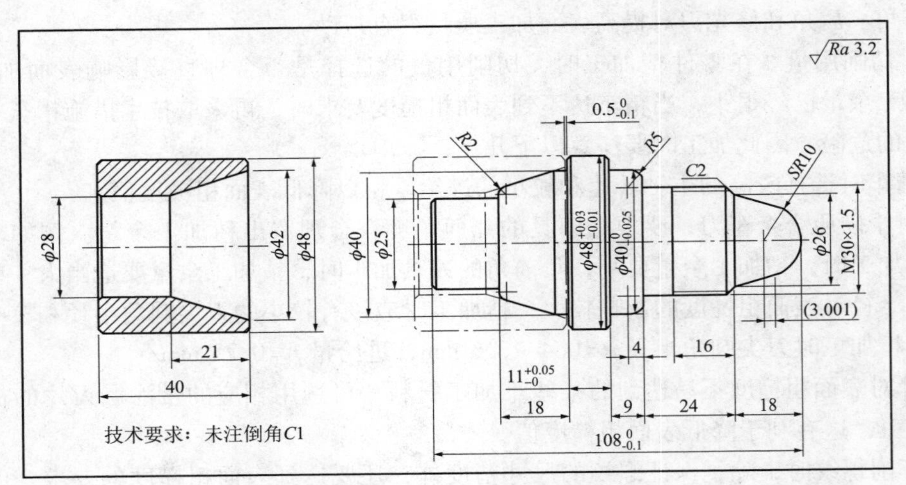

图 5－1　配合件零件图

（1）制定零件的加工工艺

① 图样分析。

a. 装配分析。配合件如图 5－1 所示，锥度轴和锥套之间要保证 $0.5_{-0.1}^{\ 0}$ mm 的配合间隙。该尺寸在配合后用塞尺进行检查，决定该配合尺寸的关键技术是内、外圆锥的配合加工方法，建议先加工锥套，再以其为基准去配合加工锥度轴，这两个零件的配合质量直接关系到装配后的技术要求是否能实现。

b. 零件分析。锥度心轴是一个轴类零件，主要包含圆柱面、圆锥面、圆弧面、外螺纹等加工要素，其尺寸精度要求较高；锥套是一个套类零件，外轮廓较简单，内轮廓由内孔、内锥面组成，属装配表面，需保证其形状、尺寸及形位精度要求。

② 加工工艺分析。

从零件的加工工艺性和装配的技术要求两方面综合考虑，两个零件的加工顺序为：先加工锥套，再加工锥度轴。

a. 锥度轴的工艺性分析。

该零件是一个轴类零件，以圆锥面为配合表面，在加工中可以采用三爪自定心卡盘装夹的方法安排工艺，加工完工件左端调头并校正后，再加工工件右端轮廓。

b. 锥套的工艺性分析。

该零件是一个套类零件，外轮廓较简单，采用三爪自定心卡盘装夹，需两次装夹完成。内轮廓由内锥面构成，属装配表面，需保证其形状、尺寸和形位精度要求。该零件的加工难点是内锥面加工，应尽量缩短内孔车刀刀杆的长度以增加刀具刚性，在加工中选用切削用量时，进给量和背吃刀量应适当选小些，以减小切削力。为提高加工效率，切削速度可适当取大些。

注意：加工时不拆下锥度轴，用锥套与之试配并进行修整，以保证各项配合精度。

③ 填写零件加工刀具卡（表5－1）及锥套加工工序卡（表5－2）、锥轴加工工序卡（表5－3）。

表5－1　零件加工刀具卡

序号	刀具号	加工表面	刀尖半径	备注

表5－2　锥套加工工序卡

<table>
<tr><td colspan="2" rowspan="2">数控加工工序
（工步）卡片</td><td colspan="2">零件图号</td><td colspan="2">零件名称</td><td>材料</td><td colspan="2">使用设备</td></tr>
<tr><td colspan="2"></td><td colspan="2"></td><td></td><td colspan="2"></td></tr>
<tr><td>工步号</td><td>工步内容</td><td>刀具号</td><td>刀具
名称</td><td>刀具
规格</td><td>主轴转速/
（$r \cdot min^{-1}$）</td><td>进给量/
（$mm \cdot r^{-1}$）</td><td>刀具半
径补偿</td><td>备注</td></tr>
<tr><td></td><td></td><td></td><td></td><td></td><td></td><td></td><td></td><td></td></tr>
<tr><td></td><td></td><td></td><td></td><td></td><td></td><td></td><td></td><td></td></tr>
<tr><td></td><td></td><td></td><td></td><td></td><td></td><td></td><td></td><td></td></tr>
<tr><td></td><td></td><td></td><td></td><td></td><td></td><td></td><td></td><td></td></tr>
<tr><td></td><td></td><td></td><td></td><td></td><td></td><td></td><td></td><td></td></tr>
<tr><td></td><td></td><td></td><td></td><td></td><td></td><td></td><td></td><td></td></tr>
<tr><td></td><td></td><td></td><td></td><td></td><td></td><td></td><td></td><td></td></tr>
<tr><td></td><td></td><td></td><td></td><td></td><td></td><td></td><td></td><td></td></tr>
</table>

表 5－3　锥轴加工工序卡

数控加工工序（工步）卡片		零件图号		零件名称		材料	使用设备	
工步号	工步内容	刀具号	刀具名称	刀具规格	主轴转速/（$r \cdot min^{-1}$）	进给量/（$mm \cdot r^{-1}$）	刀具半径补偿	备注

（2）编制两个零件的数控加工程序。

（3）利用数控车床完成两个零件的加工，时间：240 分钟。

4. 检验与考核（表 5－4）

表 5－4　评分记录表

序号	考核项目	扣分标准	配分	得分
1	总长 $108_{-0.1}^{0}$	每超差 0.02 扣 1 分	8	
2	外径 $\phi40_{-0.025}^{0}$	每超差 0.01 扣 2 分	6	
3	外径 $\phi48_{-0.01}^{+0.03}$	每超差 0.01 扣 2 分	6	
4	*SR*10 圆头及锥体	没有成形全扣，半径超差 0.5 扣 1/2 配分	6	
5	M30×1.5 螺纹	螺纹环规检验，不合格全扣；长度不足扣 3 分	10	
6	锥面	没有成形全扣	4	
7	长度 $11_{-0}^{+0.05}$	每超差 0.01 扣 2 分	6	
8	外径 $\phi25$	超差 0.07 全扣	4	
9	*R*5 圆角	超差 0.07 全扣	4	
10	倒角	圆角或倒角每个不合格扣 2 分	12	
11	锥面配合	涂色检查，接触面≤50% 或两件平面间隙 >0.8 mm 全扣； 接触面≤70%～50% 或两件平面间隙 >0.5～0.8 mm 扣 5 分；	10	

续表

序号	考核项目	扣分标准	配分	得分
12	小件内锥面	没有成形全扣	4	
13	小件外径、内径	超差 0.07 全扣	4	
14	小件倒角	倒角每个不合格扣 2 分	6	
15	现场操作规范	正确使用机床	2	
		正确使用量具	2	
		合理使用刃具	2	
		设备维护保养	4	
合计			100	

【知识拓展】

SIEMENS 802D 系统数控车床的操作

1. SIEMENS 802D 数控系统操作面板

SIEMENS 802D 数控系统操作面板如图 5－2 所示。

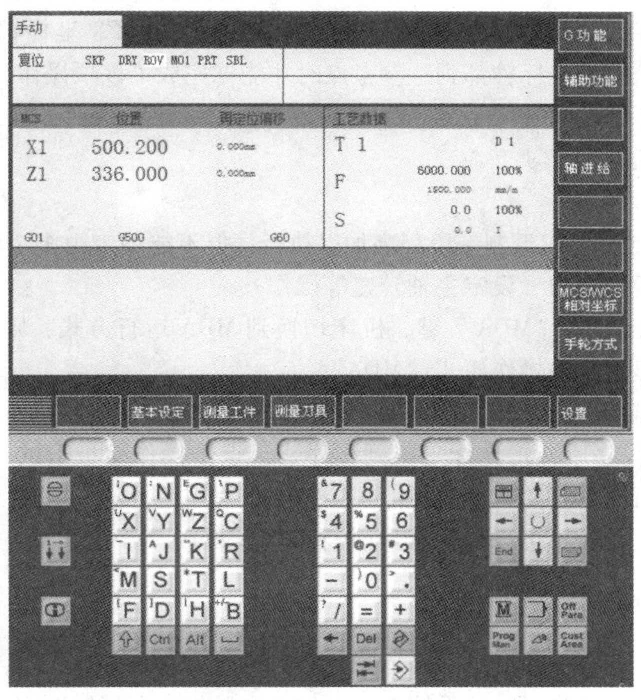

图 5－2　SIEMENS 802D 数控系统操作面板

系统操作面板各键功能如下：

(1) 报警应答键；(2) 通道转换键；(3) 信息键；

(4) 上档键；(5) 控制键；(6) ALT 键；

(7) 空格键；(8) 退格键（删除键）；(9) 删除键；

(10) 插入键；(11) 制表键；(12) 回车/输入键；

(13) 加工操作区域键；(14) 程序操作区域键；

(15) 参数操作区域键；(16) 程序管理操作区域键；

(17) 报警/系统操作区域键；(18) 、未使用；

(19) 、、、光标键；(20) 选择/转换键；

(21) 、翻页键。

机床操作面板各键的功能与 FANUC 0i Mate—TC 数控系统机床操作面板类似。

2. SIEMENS 802D 系统数控车床的加工过程

(1) 通电开机，回参考点。

① 开机。接通机床和 CNC 电源，该部分一般包括启动强电部分的 220 V 或 380 V 电源和启动数控系统的 24 V 直流电源两部分。系统引导以后进入“加工”操作区手动运行方式，抬起急停按钮，此时用户即可操作机床。

② 回参考点。在“回参考点”方式下按“$+X$”和“$+Z$”坐标轴方向键，使坐标轴回参考点。只有系统所有坐标轴都到达参考点时才能称完成了该项操作，此时屏幕上的相应轴显示◕，否则显示○。

(2) 安装零件和刀具装夹。

(3) MDA 模式。

在“MDA”模式下可以编制一段程序加以执行，但不能加工由多个程序段描述的轮廓。其通常用于换刀、验证对刀、设定主轴转速等操作。

① 按下控制面板上的“MDA”键，机床切换到 MDA 运行方式，则系统显示如图 5－3 所示，图中左上角显示当前操作模式“MDA”。

② 用系统面板输入指令。

③ 输入完一段程序后，将光标定位到程序头，点击操作面板上的“循环启动”按钮，运行程序。程序执行完后自动结束或按停止按键中止程序运行。

注意：在程序启动后不可以再对程序进行编辑，只在“停止”和“复位”状态下才能对其进行编辑。

(4) 对刀。

① 建立新刀具。

若当前不是在参数操作区，按系统面板上的“参数操作区域键”，切换到参数区。

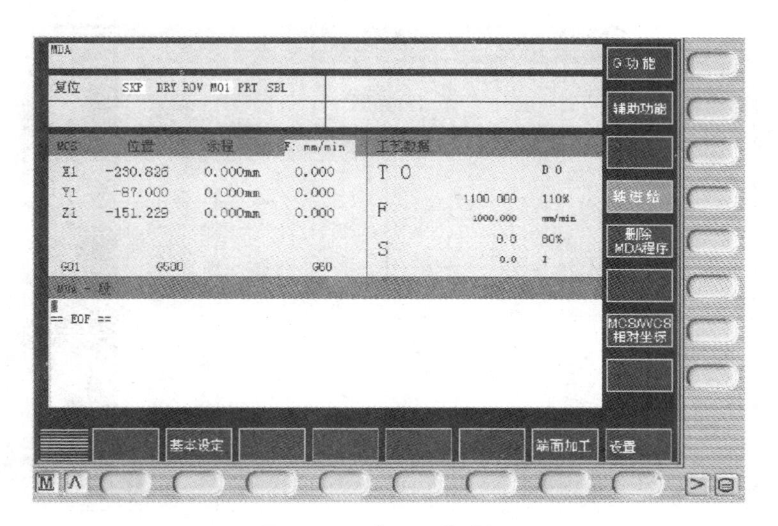

图5-3　“MDA”界面

按“新刀具”软键切换到刀具参数界面，如图5-4所示。

点击“新刀具”软键，切换到新建刀具界面，点击“车削刀具”软键，如图5-5所示。

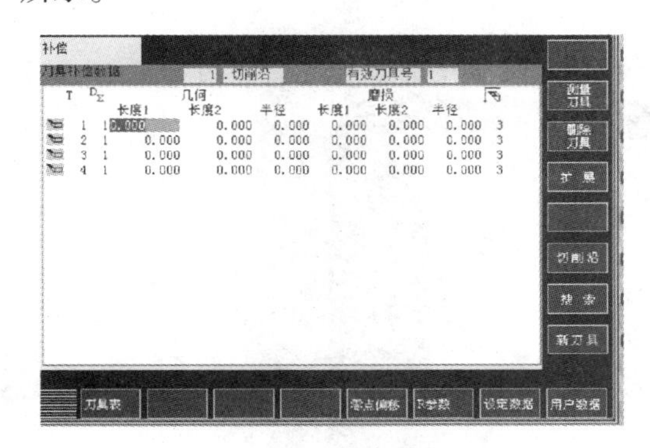

图5-4　刀具参数界面

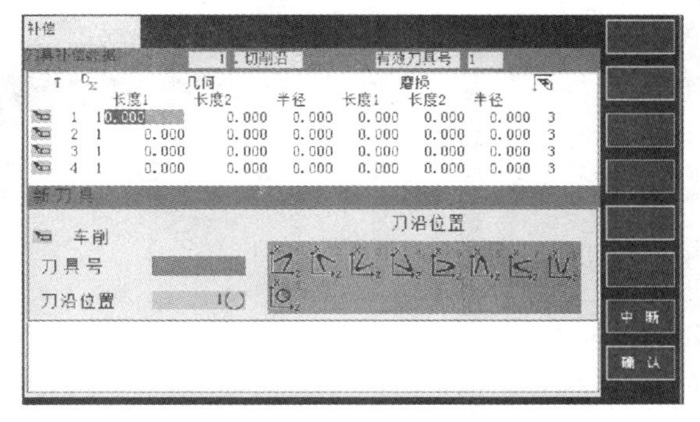

图5-5　新建刀具界面

在对话框中输入要创建的刀具数据的刀具号，点击“确认”软键，则创建对应刀具，按“中断”软键，则返回新刀具界面，不创建任何刀具。

点击“中断”软健可以退回到“刀具表”界面。

② 对刀。

a. *X* 轴对刀。在“手动”方式下切削一段外圆，并沿“*Z*＋”向退出，测量外圆直径。点击屏幕下方的“测量工件”软键，进入如图5-6所示的工件测量界面。点击 选择存储工件坐标原点的位置（可选：Base、G54～G59），将外圆测量值填入“距离”一栏中，点击右侧的软键“计算”，可得到工件坐标原点的 *X* 分量在机床坐标系中的坐标。

b. *Z* 轴对刀。手动切削端面，并沿“*X*＋”向退出，在“测量工件界面”中点击右侧的“*Z*”软键，在“距离”一栏中输入“0”，点击右侧的“计算”软键，可得到工件坐标原点的 *Z* 分量在机床坐标系中的坐标。

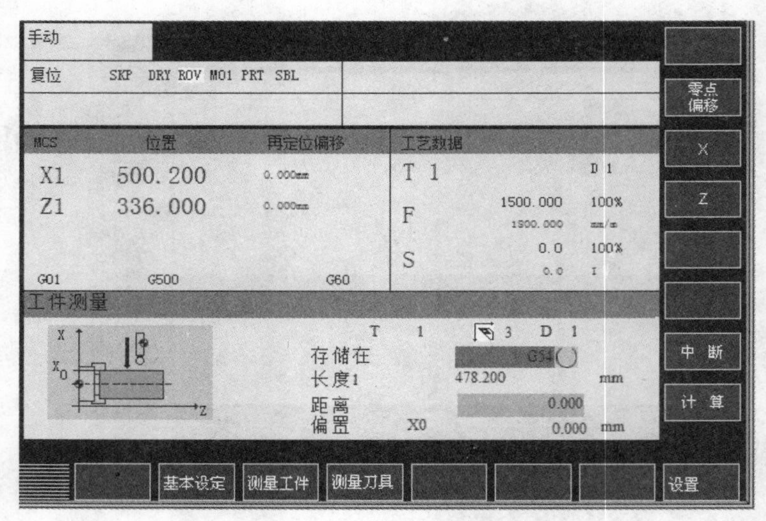

图 5-6 工件测量界面

（5）程序的输入与编辑。

① 新建数控程序。

a. 在系统面板上按下 Prog Man，进入“程序管理”界面，如图 5-7 所示。

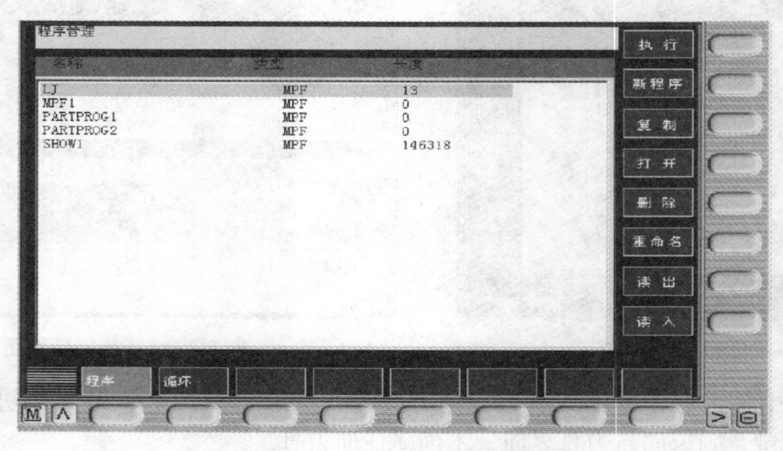

图 5-7 “程序管理”界面

b. 按下右侧的“新程序”软键，则弹出对话框，输入程序名，若没有扩展名，自动添加“. MPF”为扩展名，而子程序扩展名“. SPF”需随文件名输入。

c. 按“确认”键，生成新程序文件，并进入到编辑界面，如图 5-8 所示。在此界面中可以利用 MDI 键盘完成程序的录入。

d. 若按软键“中断”，将关闭此对话框并回到程序管理主界面。

② 程序的编辑。

程序不处于执行状态时，可以对其进行编辑，在程序中进行的任何修改均立即被存储。

在程序管理界面中可以利用右侧软件实现程序的“打开”、“删除”、“重命名”等各项操作。

在系统面板上按下“程序操作区域”键 ，则可进入如图5-8所示的程序编辑界面，对已录入的程序进行编辑。

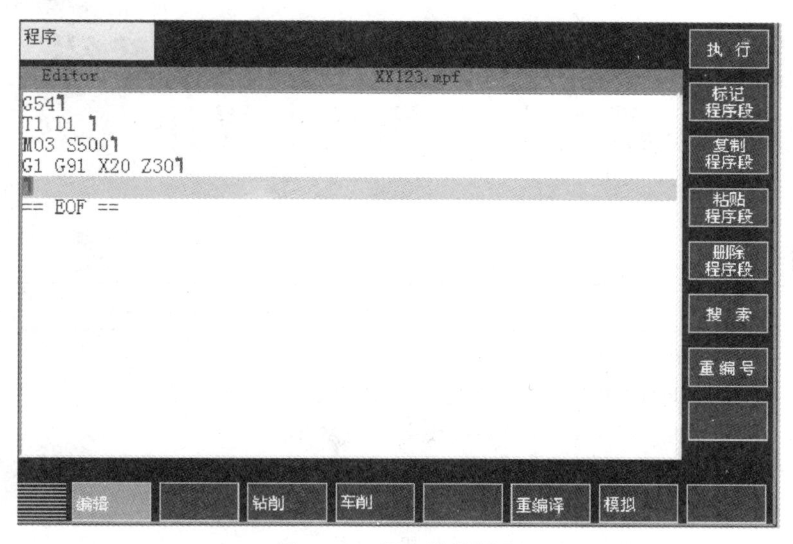

图5-8　程序编辑界面

（6）自动加工。

在启动程序前必须调整好系统和刀具的位置，必须注意机床生产厂家的安全说明。

在“程序管理界面”选择程序，点击右侧的“执行”软键并将操作方式选择为“自动运行”，按下“循环启动”键则程序开始执行。

（7）零件检测与程序修改。

在完成零件首件试切后，应进行零件加工质量的检验，必要时进行程序的修改与调试，直至程序无误后方可进行正式加工。

任务6　SIEMENS 802D 系统数控铣床的基本操作

【学习任务单】

<table>
<tr><td>学习任务6</td><td>SIEMENS 802D 系统数控铣床的基本操作</td></tr>
<tr><td>学习目标</td><td>1. 知识目标
（1）掌握数控铣床的使用规范与操作规程；
（2）掌握 SIEMENS 802D 系统数控铣床操作面板各按键的功能；
（3）掌握利用数控铣床完成零件加工的一般过程。
2. 能力目标
（1）能够根据加工需要正确选择机床运行模式；
（2）能正确完成程序的输入与编辑等操作；
（3）掌握 SIEMENS 802D 系统数控铣床对刀操作的过程与方法。
3. 素质目标
（1）培养学生在数控机床操作过程中具有安全操作、文明生产意识；
（2）培养学生在整个机床操作过程中的团队协作意识和吃苦耐劳的精神。</td></tr>
<tr><td colspan="2">1. 任务描述
掌握数控车床安全操作规程，掌握 SIEMENS 802D 系统数控铣床的操作面板各按键的功能，学会该型机床的主要操作流程，包括运行模式选择、对刀方法、程序的输入与编辑、加工过程控制等。
2. 任务实施
（1）学生分组，每小组3～5人；
（2）小组按任务工单进行分析和资料学习；
（3）小组经过讨论确定任务结果，每小组由中心发言人陈述，经过全体同学讨论，确定正确结果；
（4）检查总结。
3. 相关资源
（1）教材；（2）教学课件；（3）机床操作说明书。
4. 教学要求
（1）认真进行课前预习，充分利用教学资源；
（2）充分发挥团队合作精神，正确完成工作任务；
（3）团队之间相互学习，相互借鉴，提高学习效率。</td></tr>
</table>

【背景知识】

1. 数控铣床的文明生产和安全操作规程

数控铣床主要用于平面、阶台、沟槽、切断、成型面和复杂的曲面加工，并能进行钻孔、镗孔、铰孔、扩孔、锪孔和攻螺纹等加工。

1）数控铣床安全操作规范

（1）严格遵守安全操作规程。

（2）保持周围的环境整洁、卫生，保证工作路线、物流路线畅通。

（3）做好劳动防护措施，操作人员应穿戴好工作服。

（4）熟悉数控机床的性能和操作方法。

（5）严禁在车间内嬉戏、打闹。机床开动时，严禁在机床间穿梭。

（6）正确使用刀具，仔细检查刀具参数，确认刀具在换刀过程中不会和其他部位发生干涉。

（7）严格检查机床原点，正确开机和关机。

（8）程序经过调试、检查，确认无误后，方可开始加工。

（9）机床运转中必须监视其运转状态，不得离开机床，不得调整刀具和测量工件尺寸，不得靠近运转的刀具和工件。

（10）加工结束后应及时清理工作现场。

2）数控铣床操作规程

（1）操作人员应熟悉所用数控铣床的组成、结构以及规定的使用环境，并严格按机床操作手册的要求正确操作，尽量避免操作不当所引起的故障。

（2）机床开始工作前要有预热，认真检查润滑系统是否正常，如机床长时间未动过，可先用手动方式向各部位供油润滑。要检查润滑油是否充裕、冷却液是否充足，发现不足应及时补充。

检查机床导轨以及各主要滑动面，如有障碍物、工具、铁屑、杂物等必须清理、擦拭干净，上油。

（3）按顺序开关机床。先开机床再开数控系统，先关数控系统再关机床。

（4）开机后进行返回机床参考点的操作，以建立机床坐标系。开机后让机床空运转 15 min以上，使机床达到热平衡状态。

（5）手动沿 X、Y 轴方向移动工作台时，必须使 Z 轴处于安全高度，同时注意观察刀具移动是否正常。

（6）正确对刀，确定工件坐标系并认真核对数据。

（7）按工艺规程要求使用程序、刀具、夹具。正式加工前，应进行程序试运行，防止加工中刀具与工件碰撞，损坏机床和刀具。

（8）程序调试好后，在正式切削加工前，再检查一次程序、刀具、夹具、工件、参数等是否正确。

（9）首件加工时，最好按仿真运行、空运行、低进给试切削的步骤进行，对于易出问题的地方，最好用单步运行方式，以减少不必要的错误。试切时快速进给倍率开关要打到较低挡位。

（10）刃磨刀具和更换刀具后，要重新测量刀具参数并修改刀补值和刀补号。程序修改后对修改部分要仔细检查核对。

（11）手动连续进给操作时，必须确认各种开关所选择的位置是否正确，确定正负方向后再进行操作。

（12）在机床运行中，操作者不得离开岗位，一旦发现异常情况，立即按下“急停”按钮，终止机床所有的运行和操作，待故障排除后，方可重新操作机床，继续执行程序。出现报警时，要先进入主菜单的诊断界面，根据报警号和提示文本查找原因，及时排除警报。

（13）卸刀时应先用手握住刀柄，再按“换刀”开关。装刀时应确认刀柄完全到位后再松手。

（14）实习学生在操作时，旁观的同学禁止按控制面板上的任何按钮、旋钮，以免发生意外及事故。

（15）严禁任意修改、删除机床参数。

（16）加工完毕后，将 X、Y、Z 轴移动到行程的中间位置，并将主轴速度、进给速度倍率开关拨至低挡位，防止误操作使机床产生误动作。

（17）加工完毕后，清除铁屑，清扫工作现场，认真擦净机床，使机床与环境保持清洁状态并做好工作记录。

2. SIEMENS 802D 数控系统的操作面板

1）SIEMENS 802D 系统 MDI 键盘功能介绍

SIEMENS 802D 数控系统的系统操作面板如图 6－1 所示，主要由液晶显示屏和 MDI 键盘两部分组成，是由 SIEMENS 公司标配的，不同厂家的机床在这一部分上基本是相同的。其中在显示屏的下方和右侧各有一排软键，对应屏幕中的菜单可实现不同的功能。MDI 键盘中各键的功能见表 6－1。

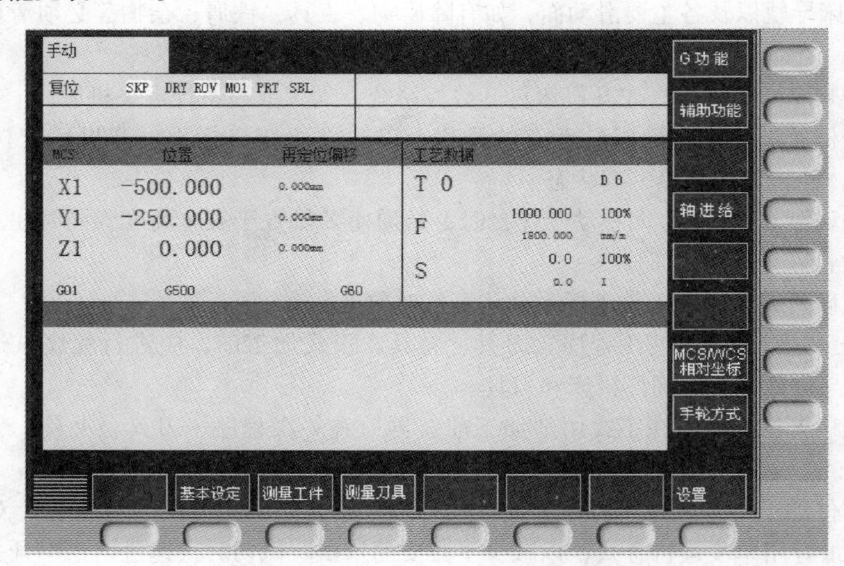

图 6－1　SIEMENS 802D 数控系统显示屏及 MDI 键盘

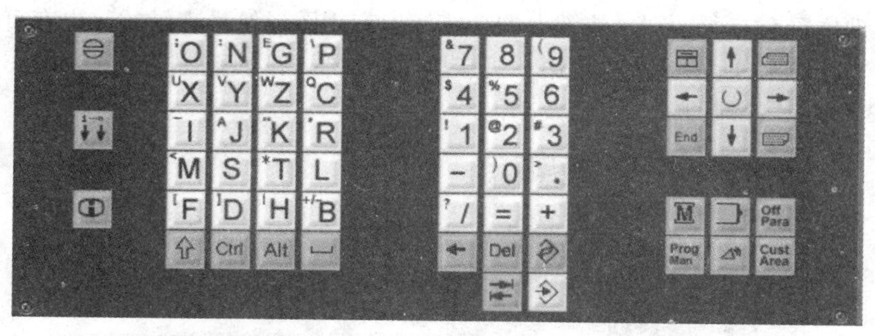

图6-1 SIEMENS 802D 数控系统显示屏及 MDI 键盘（续）

表6-1 SIEMENS 802D 数控系统 MDI 键盘各键的功能

按 钮	名 称	功能简介
⇧	"上挡"键	对键上的两种功能进行转换，用了上挡键，当按下"字符"键时，该键上行的字符（除了"光标"键）就被输出
␣	"空格"键	输入空格
←	"删除"键（"退格"键）	自右向左删除字符
Del	"删除"键	自左向右删除字符
	"制表"键	插入制表符
	"回车/输入"键	① 接受一个编辑值； ② 打开、关闭一个文件目录； ③ 打开文件
	"翻页"键	按下此键向上或向下翻页
M	"加工操作区域"键	按此键进入机床操作界面
	"程序操作区域"键	按此键进入当前加工程序界面
Off Para	"参数操作区域"键	按此键进入参数操作界面
Prog Man	"程序管理操作区域"键	按此键进入程序管理操作界面
	"报警/系统操作区域"键	按此键显示报警信息
	"选择转换"键	一般用于单选、多选框

2）机床操作面板按钮说明

机床操作面板是由数控机床生产厂家自行设计布置的，不同厂家生产的机床的机床操作

面板的各按键位置会有所区别，按键上的功能标识有用图形符号表示的，也有直接用汉字标注其功能的。图 6－2 所示的是北京第一机床厂出产的 XK714 型数控铣床的操作面板及其手轮，表 6－2 介绍其各键的符号表示及功能。

图 6－2　数控铣床的机床操作面板

表 6－2　SIEMENS 802D 数控系统铣床机床操作面板功能介绍

按　钮	名　称	功能简介
	紧急停止	按下“急停”按钮，使机床移动立即停止，并且所有的输出如主轴的转动等都会关闭
	“点动距离选择”按钮	在单步或手轮方式下，用于选择移动距离
	手动方式	手动方式，连续移动
	回零方式	机床回零；机床必须首先执行回零操作，然后才可以运行
	自动方式	进入自动加工模式
	单段	当此按钮被按下时，运行程序时每次执行一条数控指令
	手动数据输入（MDA）	单程序段执行模式
	主轴正转	按下此按钮，主轴开始正转
	主轴停止	按下此按钮，主轴停止转动
	主轴反转	按下此按钮，主轴开始反转
	“快速”按钮	在手动方式下，按下此按钮后，再按下“移动”按钮则可以快速移动机床

续表

按　钮	名　称	功能简介
+Z -Z +Y -Y +X -X	“移动”按钮	手动控制各轴的移动
	复位	按下此键，复位 CNC 系统，包括取消报警、主轴故障复位、中途退出自动操作循环和输入、输出过程等
	循环保持	程序运行暂停，在程序运行过程中，按下此按钮运行暂停，按 恢复运行
	运行开始	程序运行开始
	主轴倍率修调	调节主轴转速
	进给倍率修调	调节机床运行时的进给速度倍率，调节范围为 0～120%

3. 程序的编辑与管理

1）新建一个数控程序

（1）在系统面板上按下“程序管理”键 Prog Man，进入“程序管理”界面，如图 6－3 所示，按下右侧的“新程序”键，则弹出对话框，如图 6－4 所示。

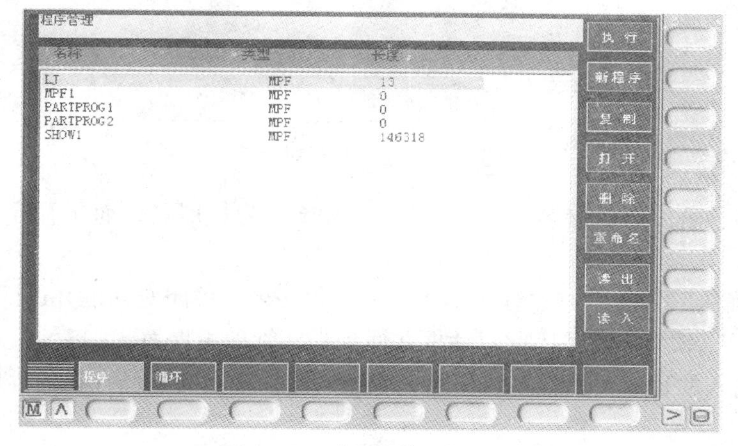

图 6－3　“程序管理”界面

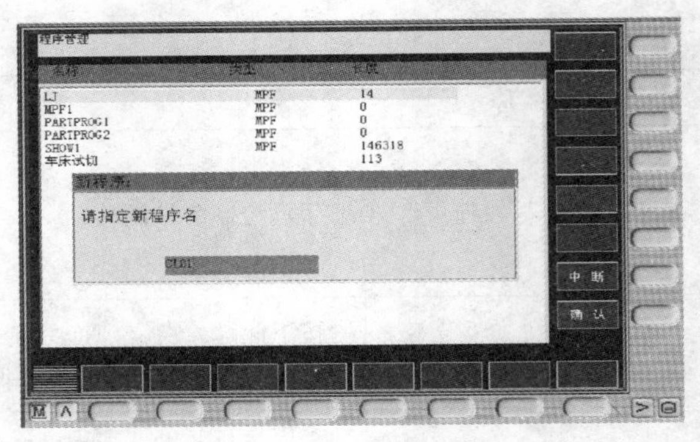

图 6-4　新建程序

(2) 输入程序名，若没有扩展名，自动添加“.MPF”为扩展名，而子程序扩展名“.SPF”需随文件名输入。

(3) 按右侧的“确认”键，生成新程序文件并进入编辑界面。

(4) 若按“中断”软键，将关闭此对话框并回到程序管理主界面。

2) 选择待执行的程序

(1) 在系统面板上按“PROG Man”键，系统将进入如图 6-3 所示的程序管理界面，显示已有程序列表。

(2) 用光标键移动选择条，在目录中选择要执行的程序，按右侧的“执行”软键，被选择的程序将被作为运行程序，机床位置界面中的右上角将显示此程序的名称。

(3) 按其他主域键（如“机床位置”键或“参数”键等），切换到其他界面。

3) 程序复制

(1) 进入到程序管理主界面的“程序”界面，如图 6-3 所示。

(2) 使用光标选择要复制的程序。

(3) 按“复制”软键，系统出现如图 6-5 所示的复制对话框，标题上显示要复制的程序。

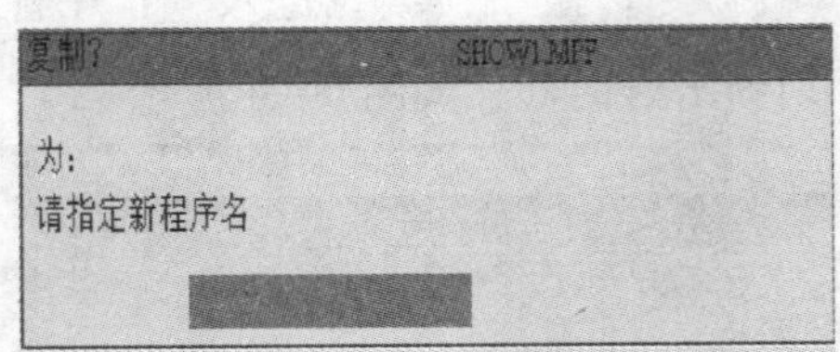

图 6-5　程序复制对话框

输入程序名，若没有扩展名，自动添加“.MPF”为扩展名，而子程序扩展名“.SPF”需随文件名输入。

(4) 按“确认”键，复制原程序到指定的新程序名，关闭对话框并返回程序管理界面。

若按“中断”软键，将关闭此对话框并回到程序管理主界面。

注意：若输入的程序与源程序名相同，或输入的程序名与一已存在的程序名相同时，将不能创建程序。

可以复制正在执行或选择的程序。

4）删除程序

（1）进入到程序管理主界面的“程序”界面，如图6－3所示。

（2）按“光标”键选择要删除的程序。

（3）按“删除”软键，系统出现如图6－6所示的删除对话框。

按“光标”键选择选项，第一项为刚才选择的程序名，表示删除这个文件，第二项“删除全部文件”表示要删除程序列表中的所有文件。

按“确认”键，将根据选择删除类型删除文件并返回程序管理界面。

若按“中断”软键，将关闭此对话框并回到程序管理主界面。

注意：若没有运行机床，可以删除当前选择的程序，但不能删除当前正在运行的程序。

5）重命名程序

（1）进入程序管理主界面的“程序”界面，如图6－3所示。

（2）按“光标”键选择要重命名的程序。

（3）按“重命名”软键，系统出现如图6－7所示的重命名对话框。

输入新的程序名，若没有扩展名，自动添加“.MPF”为扩展名，而子程序扩展名“.SPF”需随文件名输入。

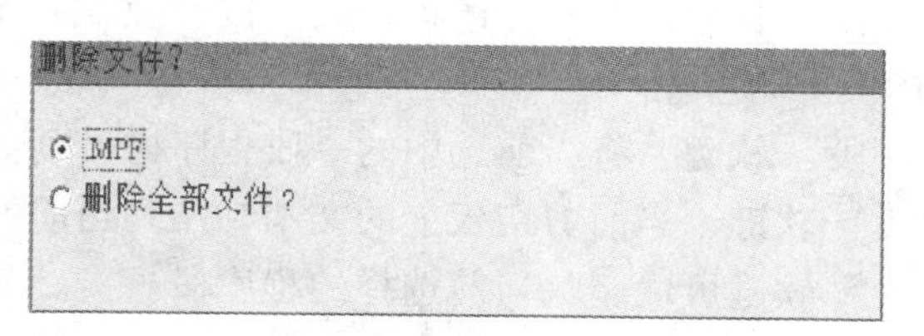

图6－6　删除程序对话框

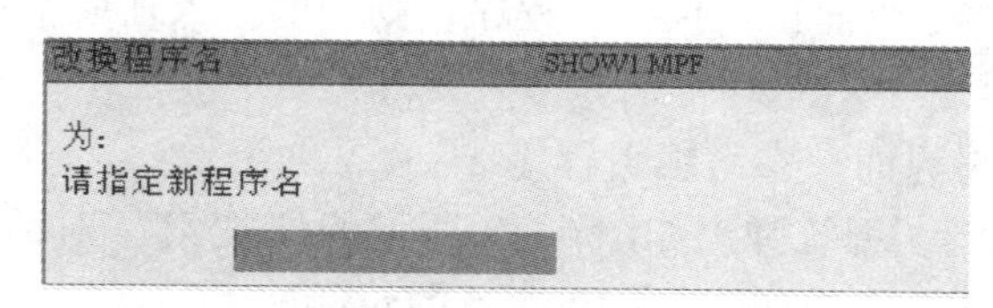

图6－7　重命名程序对话框

（4）按“确认”键，源文件名更改为新的文件名并返回程序管理界面。

若按“中断”软键，将关闭此对话框并回到程序管理主界面。

注意：若文件名不合法、新名与旧名相同，或名与一已存在的文件相同，则弹出警告对话框。

若在机床停止时重命名当前选择的程序，则当前程序变为空程序，显示同删除当前选择程序相同的警告。

可以重命名当前运行的程序，改名后，当前显示的运行程序名也随之改变。

6）程序编辑

编辑程序的介绍如下：

（1）在程序管理主界面，选中一个程序，按“打开”软键或按“INPUT”，进入如图6－8所示的程序编辑界面，编辑程序为选中的程序。在其他主界面下，按下系统面板上的键，也可进入编辑主界面，其中程序为以前载入的程序。

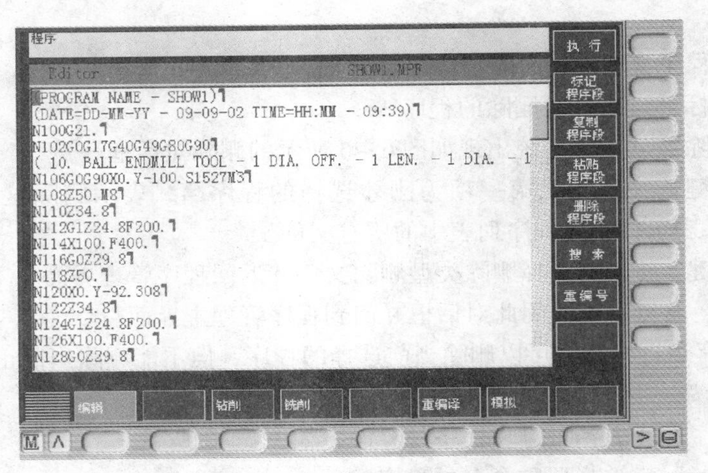

图 6－8 程序编辑界面

（2）输入程序，程序立即被存储。

（3）按“执行”软键来选择当前编辑程序为运行程序。

（4）按下“标记程序段”软键，开始标记程序段，按“复制”软键或“删除”软键或输入新的字符时将取消标记。

（5）按下“复制程序段”软键，将当前选中的一段程序拷贝到剪切板。

（6）按“粘贴程序段”软键，当前剪切板上的文本粘贴到当前的光标位置。

（7）按“删除程序段”软键可以删除当前选择的程序段。

（8）按“重编号”软键将重新编排行号。

注意：若编辑的程序是当前正在执行的程序，则不能输入任何字符。

搜索程序的介绍如下：

（1）切换到程序编辑界面，参考编辑程序。

（2）按“搜索”软键，系统弹出如图 6－9 所示的“搜索”对话框。若需按行号搜索，则按“行号”软键，对话框变为如图 6－10 所示的对话框。

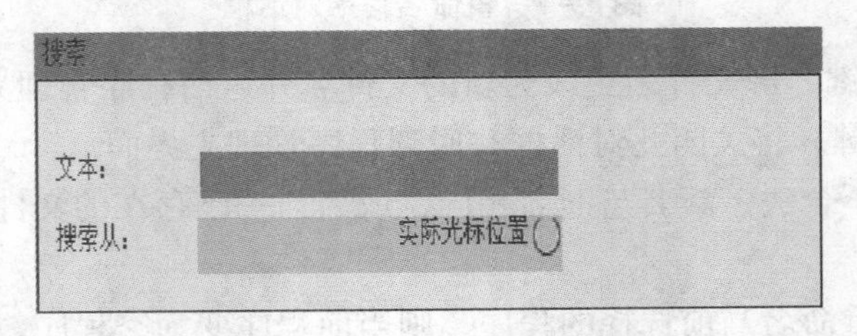

图 6－9 “搜索”对话框

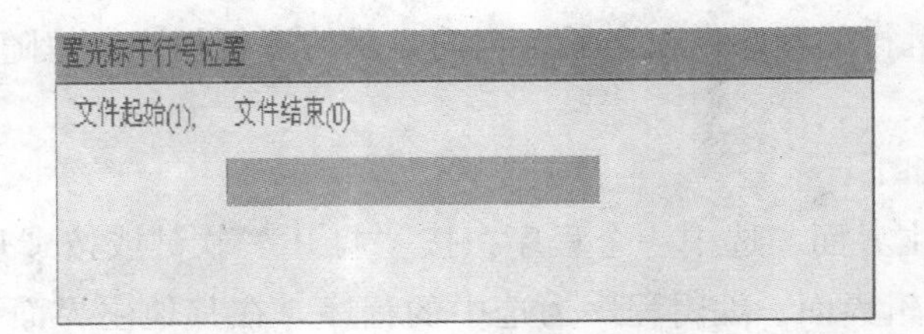

图 6－10 按行号搜索

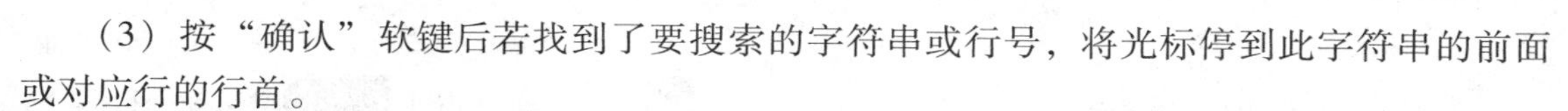

（3）按“确认”软键后若找到了要搜索的字符串或行号，将光标停到此字符串的前面或对应行的行首。

搜索文本时，若搜索不到，主界面无变化，在底部显示“未搜索到字符串”。

搜索行号时，若搜索不到，光标停到程序尾。

搜索程序段的介绍如下：

使用程序段搜索功能可查找所需要的零件程序中的指定行，且从此行开始执行程序。

（1）按下控制面板上的“自动方式”键切换到如图6－11所示的自动加工界面。

（2）按“程序段搜索”软键切换到如图6－12所示的程序段搜索窗口，若不满足前置条件，此软键按下无效。

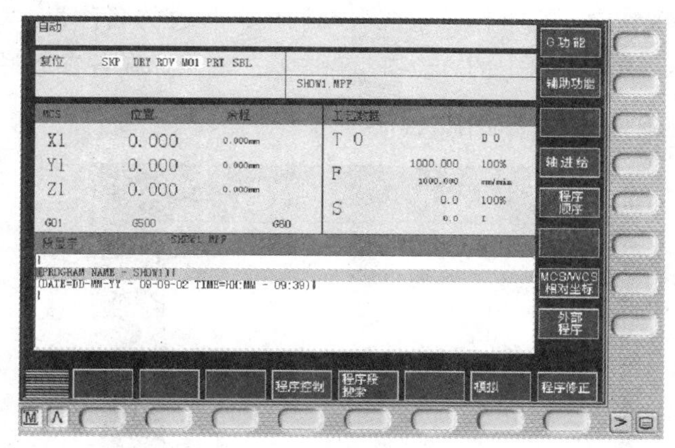

图6－11　自动加工界面

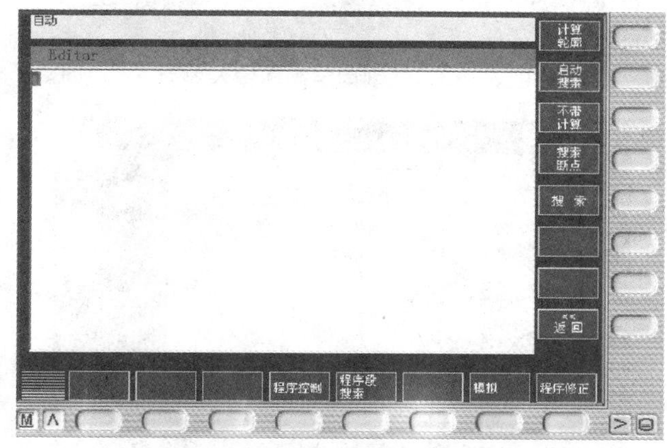

图6－12　程序段搜索界面

（3）按“搜索断点”软键，光标移动到上次执行程序中止时的行上。

按“搜索”软键，弹出如图6－9所示的“搜索”对话框，可从当前光标位置开始搜索或从程序头开始搜索，输入数据后按“确认”软键，则跳到搜索到的位置。

（4）按“启动搜索”软键，界面回到自动加工主界面下并把搜索到的行设置为运行行。

使用“计算轮廓”可使机床返回到中断点并返回到自动加工主界面。

注意：若已使用过一次“启动搜索”，则按“启动搜索”软键时会弹出对话框，警告不能启动搜索，需按“RESET”键后才可再次使用“启动搜索”。

7）插入固定循环

在图 6－8 所示的程序输入界面中可看到下方的钻削软键，点击钻削进入如图 6－13 所示的钻削固定循环输入界面。

在钻削固定循环输入程序界面可以看到右侧的钻中心孔、钻削沉孔、深孔钻、镗孔、攻丝等不同程序类型对应的软键，若想调用某类型的程序则点击相应的软键，即可进入相应的固定循环程序参数设置界面，输入参数后，点击确认软键确认，即可调用该程序。例如，若调用钻中心孔程序，则点击钻中心孔软键进入如图 6－14 所示的界面，在此界面的左上角，可看到为实现钻中心孔操作，系统自动调用的程序的名称为“CYCLE81”。界面右侧为可设定的参数栏，点击键盘上的方位键↑和↓，使光标在各参数栏中移动，输入参数后，点击确认软键确认，即可调用该程序。

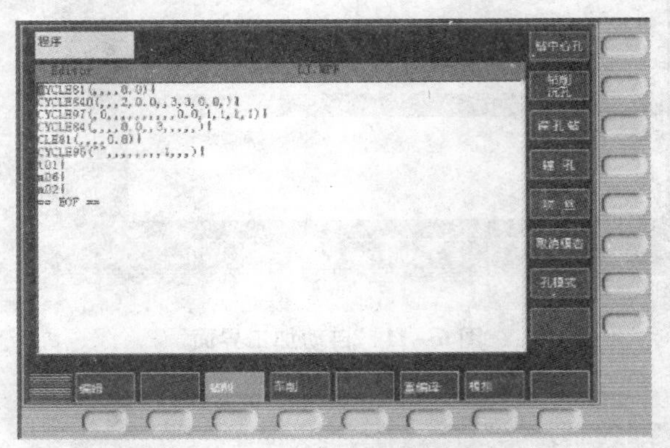

图 6－13　钻削固定循环输入界面

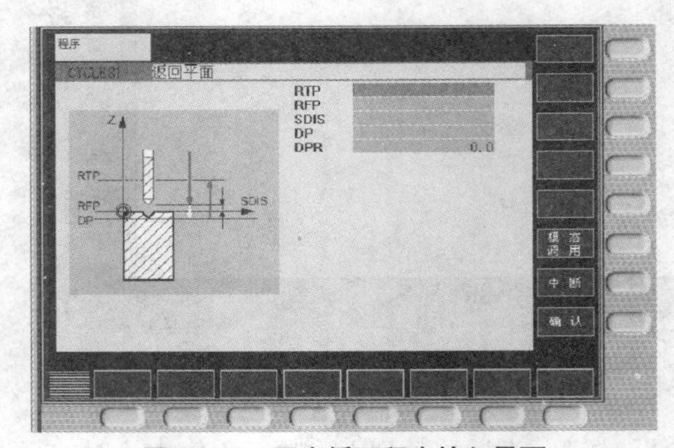

图 6－14　固定循环程序输入界面

8）检查运行轨迹

通过线框图模拟出刀具的运行轨迹。

前置条件为：当前为自动运行方式且已经选择了待加工的程序

（1）按“自动”键，在自动模式主界面下，按“模拟”软键或在程序编辑主界面下按“模拟”软键。

（2）按“循环启动”键开始模拟执行程序。执行后，可看到加工的轨迹显示。

4. 加工前的准备

（1）检查数控铣床的外表是否正常（如后面电控柜的门是否关上、机床内部是否有其他异物）。

（2）打开位于车床后面电控柜上的主电源开关，应听到电控柜风扇和主轴电动机风扇开始工作的声音。

（3）按操作面板上的“系统启动”按钮接通电源，几秒钟后 CRT 显示屏出现画面，这时才能操作数控系统上的按钮，否则容易损坏机床。

（4）顺时针方向松开“急停”按钮。

（5）绿灯亮后，机床液压泵已启动，机床进入准备状态。

（6）如果在进行以上操作后，机床没有进入准备状态，检查是否有下列情况，进行处理后再按“系统启动”按钮：

① 是否按过操作面板上的“系统启动”按钮？如果没有，则按一次。

② 是否有某一个坐标轴超程？如果有，则对机床超程的坐标轴进行恢复操作。

③ 是否有警告信息出现在 CRT 显示屏上？如果有，则按照警告信息进行操作处理。

5. 机床回参考点

配置增量式编码器的机床开机后须回参考点，具体操作步骤如下：

1）进入回参考点模式

进入系统后，按下“回参考”按钮进入“回参考点”模式。

2）回参考点的操作步骤

（1）Z 轴回参考点：点击“Z 轴正向”按钮 +Z，Z 轴将回到参考点，回到参考点之后，Z 坐标前的标志将从变为，同时面板上的 Z 轴回零灯亮起。

（2）X 轴回参考点：点击“X 轴正向”按钮 +X，X 轴将回到参考点，回到参考点之后，X 坐标前的标志将从变为，同时面板上的 X 轴回零灯亮起。

（3）Y 轴回参考点：点击“Y 轴正向”按钮 +Y，Y 轴将回到参考点，回到参考点之后，Y 坐标前的标志将从变为，同时面板上的 Y 轴回零灯亮起。

6. 安装刀具

按下面板上的“主轴松刀”键，用一只手握住刀具并将刀具的刀柄插入主轴，同时以另一只手按下面板上的“主轴紧刀”键，在确认刀具已经被主轴夹紧后，松手放开刀具。需要注意的是，若安装刀具前主轴上已有刀具，在按下“松刀”键前，一定要用手握住主轴当前的刀具，以免刀具掉落造成损坏。

部分机床将“主轴松刀”键和“主轴紧刀”键设为一个键，并将其布置在主轴箱上，按动一次主轴松刀，再按一次主轴紧刀。

7. SIEMENS 802D 系统数控铣床的对刀操作

数控程序一般按工件坐标系编程，对刀的过程就是建立工件坐标系与机床坐标系之间的关系的过程。对于数控铣床，常见的是将工件上表面的中心点设为工件坐标系原点。

下面以板料毛坯为例，将工件上表面的中心点设为工件坐标系原点，介绍 SIEMENS 802D 系统数控铣床对刀的方法，将工件上的其他点设为工件坐标系原点的对刀方法与之类似。

1）*X*、*Y* 轴对刀

通常 *X* 轴及 *Y* 轴对刀可采用试切法或利用寻边器对刀，其基本原理是相同的，用寻边器对刀更为精确。下面以采用试切法对刀为例讲解 SIEMENS 802D 系统数控铣床对 *X* 轴及 *Y* 轴进行对刀操作的一般过程。

按下操作面板中的“手动”按钮进入“手动”方式，并让主轴旋转。通过按动各轴移动键 -X +X、-Y +Y、-Z +Z，将刀具靠近工件的左侧面或右侧面。

刀具移动到大致位置后，将机床的工作方式切换为“手轮式”，采用手轮控制机床沿 +*X* 或 -*X* 方向运动，且手轮倍率不宜选择过大，让刀具缓慢接近工件，直到刀具切削侧刃刚刚接触工件侧面后立即停止进给，保持刀具位置不动，按下屏幕下方的“测量工件”软键，进入图 6-15 的工件测量界面。

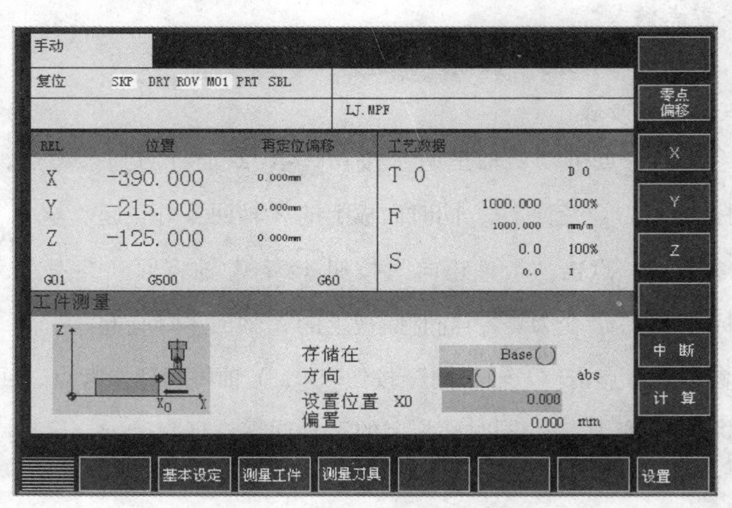

图 6-15　工件测量界面

按下屏幕右侧的“*X*”软键，点击光标键或使光标停留在“存储在”一栏中，在系统面板上点击“选择”按钮，将工件坐标系原点的位置切换为 G54 ~ G59 中与加工程序对应的一个（此处选择了 G54），如图 6-16 所示。

通过“方向”键将光标移动到“方向”栏中，并通过点击“选择”按钮，选择工件坐标系原点相对于刀具所在位置的方向，刀具在工件右侧面时选择“ - ”，刀具在工件左侧面时选择“ + ”。

将光标移至“设置位置到 X0”一栏中，并在“设置位置 X0”文本框中输入此时刀具中心到工件坐标系原点的 X 向距离值（为工件长度的一半加刀具半径，无符号），点击屏幕右侧的“计算”软键 计 算 ，系统将会计算出工件坐标系原点的 X 分量在机床坐标系中的坐标值，并将此数据保存到 X 向偏置参数中。

输入完毕后，可将刀具远离工件，开始进行 Y 方向对刀。

Y 向对刀采用类似的方法，将刀具碰触工件的上侧面或下侧面，点击屏幕右侧的“Y”软键，在“方向”一栏中，刀具在工件上侧面时选择“ - ”，刀具在工件下侧面时选择“ + ”。在“设置位置 Y0”文本框中输入此时刀具中心到工件坐标系原点的 Y 向距离值（为工件宽度的一半加刀具半径，无符号），点击屏幕右侧的“计算”软键，系统将会计算出工件坐标系原点的 Y 分量在机床坐标系中的坐标值，并将此数据保存到 Y 向偏置参数中。

Y 向对刀操作完毕后，可将刀具抬起远离工件，为后续操作做准备。

若利用寻边器对刀，其基本操作原理与步骤与用实际刀具类似，只不过寻边器是一种光电式检测装置，在工作时主轴不能旋转，当其头部的测量球与工件接触后，其上的指示灯会亮起。寻边器的外观如图 6 - 17 所示。

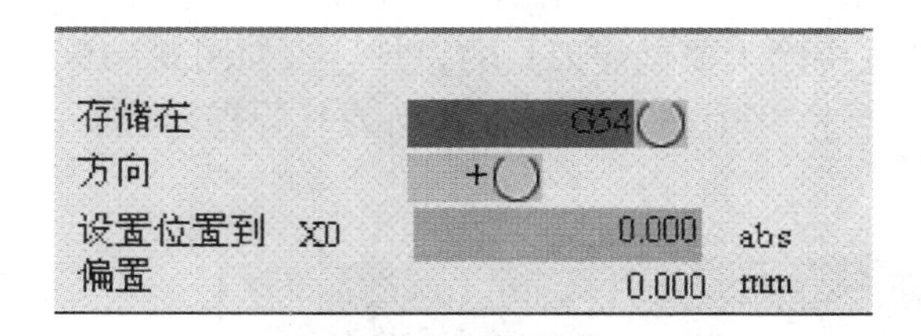

图 6 - 16　对刀参数输入界面

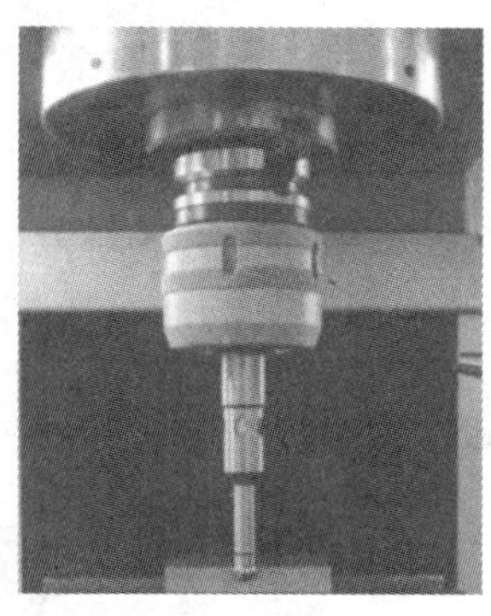

图 6 - 17　寻边器的外观

2）*Z* 轴对刀

数控铣床 Z 轴对刀时采用的是实际加工时所要使用的刀具，一般采用试切法对刀，需要精密对刀时也可采用 Z 轴设定器。下面以试切法为例介绍 Z 轴对刀的一般过程。

（1）进入“手动”运行方式，并将主轴旋转，将刀具移动到工件的上表面上方。

（2）采用“手轮”模式，控制刀具缓慢下降，当刀具刚一接触到工件上表面后立即停止进给并保持刀具位置不动。

（3）点击屏幕下方的“测量工件”软键，进入工件测量界面，点击屏幕右侧的 Z 软键，进入 Z 轴刀具偏置输入界面。

使用“选择”键将工件坐标系原点的位置切换为 G54 ~ G59 中与加工程序对应的一个（一般选择 G54）。移动光标，在“设置位置 Z0”文本框中输入“0”，点击“计算”软键，就能得到工件坐标系原点的 Z 分量在机床坐标系中的坐标，此数据将被自动保存到 Z 向偏置参数中。

Z 轴对刀完毕后，将刀具抬起，为后续操作做好准备。

3）刀具参数的输入

（1）建立新刀具。

① 按系统面板上的“参数操作区域”键 Off Para，切换到刀具管理界面，如图6-18所示。在该界面中，可以观察到所有当前已建立刀具的刀号及刀具几何参数值。

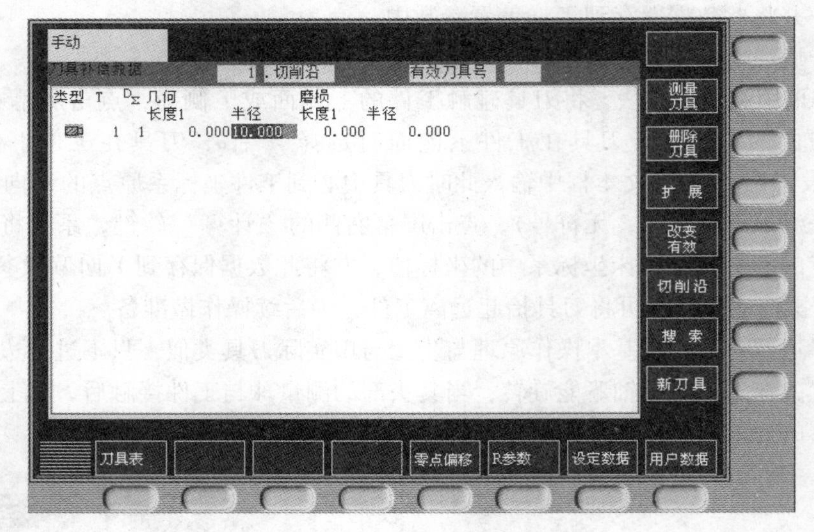

图6-18 刀具管理界面

② 按屏幕右侧的“新刀具”软键，并按“铣刀”、“钻削”软键选择要新建的刀具类型，系统弹出“新刀具”对话框，在对话框中输入要创建刀具的刀具号，如图6-19所示。

③ 按“确认”软键，则创建对应刀具，按“中断”软键，返回刀具管理界面，不创建任何刀具。

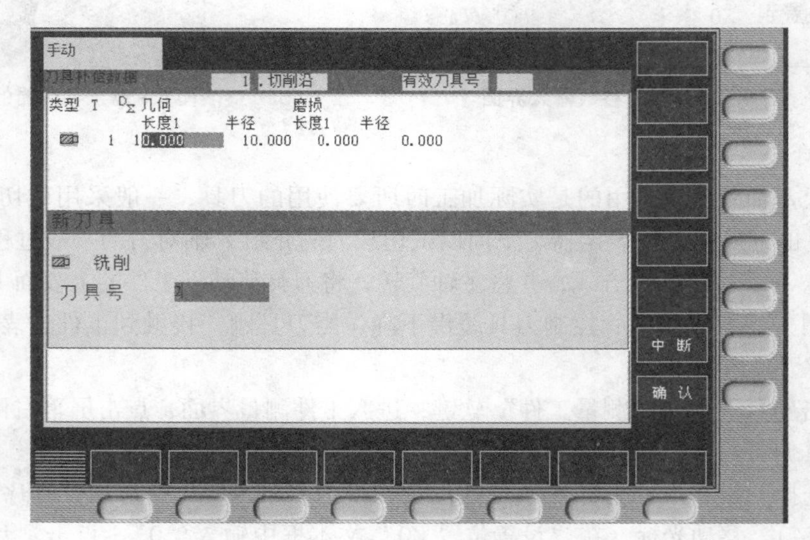

图6-19 建立新刀具

（2）输入刀具参数。

如图6－18所示，用“光标”键定位到所需输入的刀具参数位置，输入刀具的长度或半径值，并按下“回车”键，刀具的该项参数即可被录入到系统中。在之后的操作中，也可进入该页面对所需修改的参数重新输入。

（3）删除刀具数据。

按“删除刀具”软键，系统弹出“删除刀具”对话框，如图6－20所示。

图6－20　“删除刀具”对话框

如果按“确认”软键，对话框被关闭，并且对应刀具及所有刀沿数据将被删除；如果按“中断”软键，则仅仅关闭对话框。

（4）创建新刀沿。

① 切换到刀具表界面，按“切削沿”软键，切换到图6－21所示的界面。

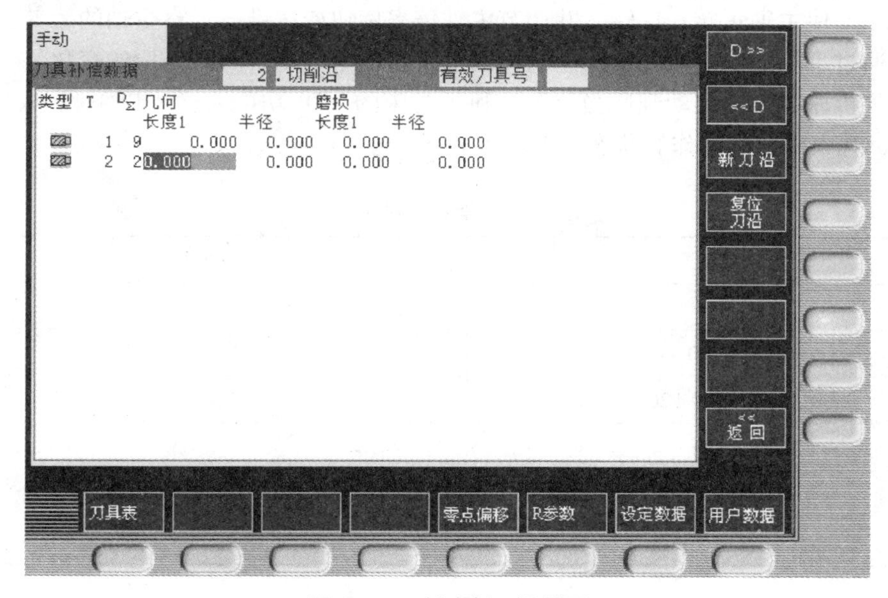

图6－21　创建新刀沿界面

② 按下右侧的“新刀沿”软键，为当前刀具创建一个新的刀沿数据，且当前刀沿号变为新的刀沿号（刀沿号不得超过9个）。

③ 按“返回”软键，返回刀具表界面。

【任务实施】

实训项目　XK714 型数控铣床的操作

1. 实训目的和要求

（1）掌握 XK714 型数控铣床操作面板各按键的功能与机床的运行模式。
（2）掌握 SIEMENS 802D 数控系统程序的录入、编辑与管理方法。
（3）掌握 SIEMENS 802D 数控系统铣床对刀操作的步骤与方法。

2. 实训内容

（1）利用数控实训中心内的 XK714 型数控铣机，完成机床开机上电、回参考点的操作。
（2）手动运行机床，完成 *X*、*Y*、*Z* 轴的移动控制，观察运动效果。
（3）手动使主轴正转、反转，并调节主轴倍率旋钮或按键，观察主轴的旋转速率变化。
（4）通过手轮控制机床各轴的运动并调节手轮倍率，观察机床坐标的变化。
（5）将机床工作台移动到适当位置，利用机床的 MDI 功能，输入以下程序，采用单步运行方式，观察机床的动作和状态，并填入表 6－3。

表 6－3　指令与对应动作

指令	机床动作
G54	
M03 S500	
G01 G91 X100 F200	
Y－100	
Z100	
M30	

（6）从“数控编程与加工”课程的教材中选取一完整程序，利用机床的 MDI 键盘，完成程序的新建、录入、编辑和修改，并在程序管理页面中查看，最后对该程序进行删除操作

（7）安装一块 100 mm×80 mm×30 mm 的板料毛坯，利用 $\phi20$ 的立铣刀将工件坐标系建立在工件上表面中心处，完成各轴对刀操作的全过程并采用 MDI 方式对对刀结果加以验证。

任务7　轮廓类零件的铣削加工

【学习任务单】

<table>
<tr><td>学习任务7</td><td>轮廓类零件的铣削加工</td></tr>
<tr><td>学习目标</td><td>1. 知识目标
（1）掌握铣削轮廓加工的工艺；
（2）掌握铣削加工工具常见的装夹方式。
2. 能力目标
（1）能够完成典型轮廓类零件的加工；
（2）能正确选用工具量具对铣削加工质量进行检验。
3. 素质目标
（1）培养学生在数控机床操作过程中具有安全操作、文明生产意识；
（2）培养学生在整个机床操作过程中的团队协作意识和吃苦耐劳的精神。</td></tr>
<tr><td colspan="2">1. 任务描述
轮廓类零件在数控铣床的加工范围中占有很大的比重，主要包括外轮廓与内轮廓两种类型。通过对轮廓类零件加工工艺的学习，掌握铣削加工工件常见的装夹方式，能够加工典型的轮廓类零件并学会使用常见的检测工具与量具对其进行加工质量检验。
2. 任务实施
（1）学生分组，每小组3～5人；
（2）小组按任务工单进行分析和资料学习；
（3）小组经过讨论确定任务结果，每小组由中心发言人陈述，经过全体同学讨论，确定正确结果；
（4）检查总结。
3. 相关资源
（1）教材；（2）教学课件；（3）机床操作说明书。
4. 教学要求
（1）认真进行课前预习，充分利用教学资源；
（2）充分发挥团队合作精神，正确完成工作任务；
（3）团队之间相互学习，相互借鉴，提高学习效率。</td></tr>
</table>

【背景知识】

1. 轮廓加工的工艺

1）轮廓加工方案的选择

轮廓多由直线和圆弧或各种曲线构成，主要采用立铣刀加工。为保证加工面光滑，刀具应沿轮廓线切线切入与切出。粗铣的尺寸精度和表面粗糙度一般可达 IT11 ~ IT13 级，Ra = 6.3 ~ 25 μm；精铣的尺寸精度和表面粗糙度一般可达 IT8 ~ IT10 级，Ra = 1.6 ~ 6.3 μm。

2）顺铣和逆铣的选择

轮廓铣削有顺铣和逆铣两种方式，如图 7－1 所示。铣刀旋转切入工件的方向与工件的进给方向相同时称为顺铣，相反时称为逆铣。

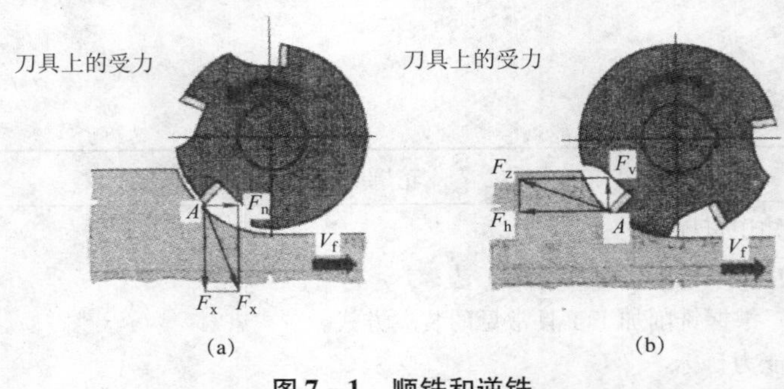

图 7－1　顺铣和逆铣

（a）顺铣；（b）逆铣

其特点如下：

（1）顺铣刀具比逆铣刀具的寿命长。因为逆铣时每个刀齿的切削厚度都是从零逐渐增大的，由于刀齿刃口的圆弧半径存在，因此不可能一开始接触工件就能切入，总是要在已加工表面上滑行一小段距离，使刀具迅速磨损，同时其也使已加工表面硬化，给进一步加工造成困难。这些都影响了刀具的寿命。顺铣不存在滑行现象，工件已加工表面的硬化程度也较轻，一般来说其刀具的寿命长。

（2）顺铣比逆铣的加工过程稳定。顺铣时铣刀作用在工件上的垂直分力下，这有利于工件夹紧，因而其加工过程稳定。逆铣时，铣刀作用在工件上的垂直分力上，使工件产生向上移动的趋势，这不仅不利于夹紧工件，还容易产生周期振荡，影响铣削过程的稳定性。

（3）顺铣易使工作台发生窜动。铣削时，工作台和丝杠之间只有相对转动，没有相对移动。当由于工件硬皮、切削用量产生的铣削力水平分力大于螺母对丝杠的推进力时，易使工作台连同丝杠一起窜动。而逆铣时，铣削力的水平分力与进给运动的方向相反，不会使工作台发生窜动，能够保证工作台平稳进给。

（4）顺铣所消耗的功率小。顺铣时的平均切削厚度大，切削变形较小，与逆铣相比较功率消耗要少些（铣削碳钢时，功率消耗约减少 5%；铣削难加工材料时，功率消耗约减少 14%）。

因此，顺铣与逆铣的选择方法如下：

（1）顺铣有利于提高刀具的寿命和工件装夹的稳定性，但容易引起工作台窜动，甚至造成事故。顺铣的加工范围应是无硬皮的工件表面。精加工时，铣削力较小，不容易引起工作台窜动，多用顺铣。同时顺铣时无滑移现象，加工后的表面比逆铣好。对难加工材料的铣削，采用顺铣可以减少切削变形，降低切削力和功率。

（2）逆铣多用于粗加工，在铣床上加工有硬皮的铸件、锻件毛坯时，一般采用逆铣。

（3）对于铝镁合金、钛合金和耐热合金等材料来说，建议采用顺铣加工，以降低表面粗糙度值和延长刀具的寿命。

2. 铣削加工工件的常见装夹方式

1）用机用平口虎钳装夹工件

机用平口虎钳是一种通用夹具，如图 7－2 所示，适用于装夹中小尺寸和形状规则的工件。安装机用平口虎钳时必须先将底面和工作台面擦干净，利用百分表找正钳口，如图7－3所示，使钳口与横向或纵向工作台方向平行，以保证铣削的加工精度。

机用平口虎钳安装好后，把工件放入钳口内，并在工件的下面垫上比工件窄、厚度适当且精度较高的等高垫块，然后把工件夹紧。为了使工件紧密地靠在垫块上，应用铜锤或木槌轻轻地敲击工件，直到用手不能轻易推动等高垫块时再将工件夹紧。工件应当被紧固在钳口比较中间的位置，装夹高度以铣削尺寸高出钳口 3～5 mm 为宜。

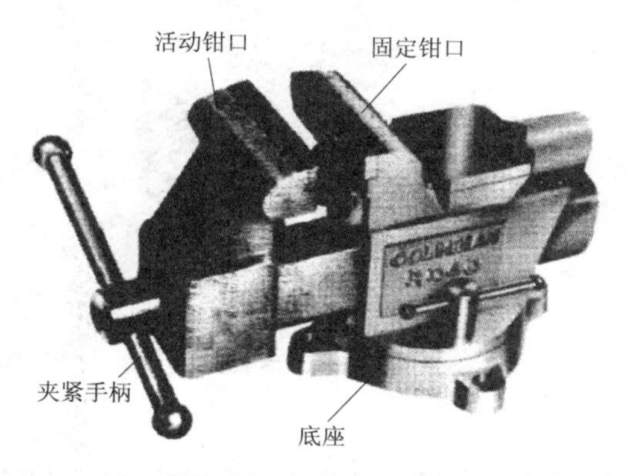

图 7－2　机用平口虎钳

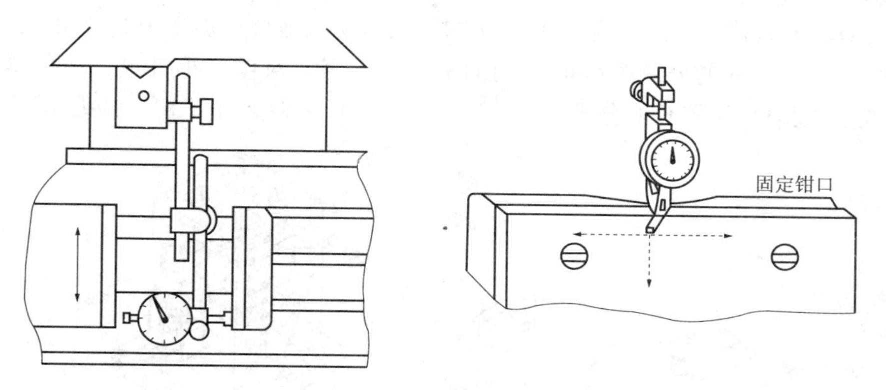

图 7－3　用百分表校正钳口

2）用组合压板装夹工件

对于体积较大的工件大多用组合压板来装夹。根据图样的加工要求，可将工件直接压在工作台面上，如图 7－4（a）所示，也可在工件下面垫上厚度适当且要求较高的等高垫块后再将其压紧，如图 7－4（b）所示。利用这种装夹方法可进行贯通的挖槽或钻孔加工。

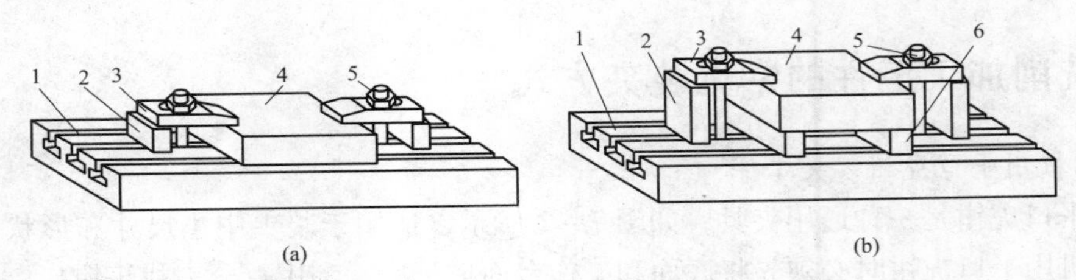

图 7 -4　组合压板装夹工件的方法

1—工作台；2—支承块；3—压板；4—工件；5—双头螺柱；6—等高垫块

3）用卡盘装夹工件

利用压板将卡盘（图 7 -5）安装在工作台面上，可装夹圆柱形工件。

图 7 -5　卡盘

4）用组合夹具装夹工件

组合夹具是由一套结构已经标准化、尺寸已经规格化的通用元件、组合元件所构成，可以按工件的加工需要发挥各种功用的夹具。图 7 -6 所示为典型组合夹具。

组合夹具具有标准化、系列化、通用化的特点，比较适合在加工中心应用。通常，采用组合夹具时其加工尺寸的公差等级能达到 IT8 ~ IT9，因此对中、小批量，单件（如新产品试制等）或加工精度要求不十分严格的零件，在加工中心上加工时，应尽可能选择组合夹具。

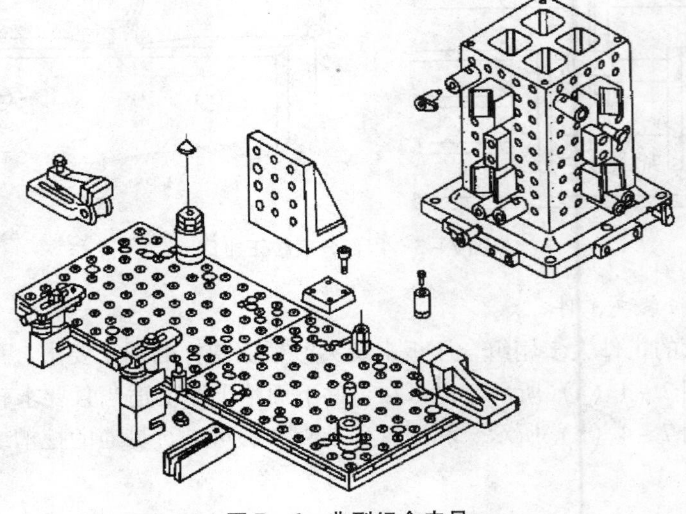

图 7 -6　典型组合夹具

3. 铣削类零件的常见精度检测工具及检测方法

1）游标卡尺

游标卡尺的测量精度一般为0.02 mm，如图7－7所示。它主要由尺身和游标组成。旋松固定游标用的螺钉即可测量。下量爪用来测量工件的外径或长度，上量爪可以测量内孔直径或槽宽，深度尺可以用来测量工件的深度和长度尺寸。测量时移动游标使量爪与工件接触，取得尺寸后，最好把螺钉旋紧后再读数，以防尺寸变动。

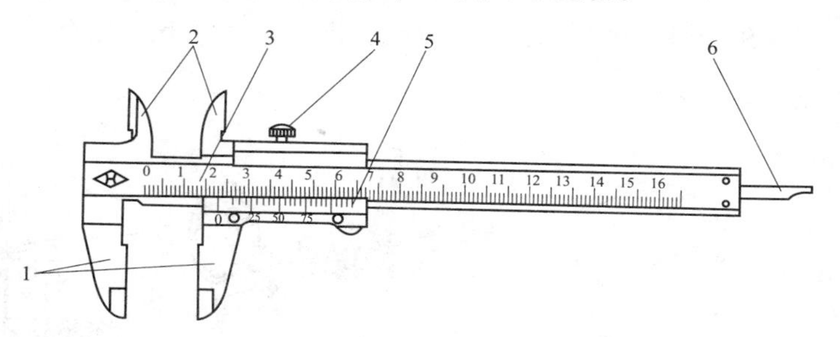

图7－7　游标卡尺

1—下量爪；2—上量爪；3—尺身；4—螺钉；5—游标；6—深度尺

2）螺旋式千分量具

螺旋式千分量具包括外径千分尺、内径千分尺、深度千分尺、内测千分尺等。外径千分尺用于测量精密工件的外径、长度和厚度尺寸；内径千分尺用于测量精密工件的内径和沟槽宽度尺寸；深度千分尺用于测量孔、槽和台阶等精密工件的深度和高度尺寸；内测千分尺主要用于测量沟槽的宽度尺寸。

（1）外径千分尺。

外径千分尺的测量精度一般为0.01 mm，如图7－8所示。由于测微螺杆的精度和结构上的限制，其移动量通常为25 mm，故常用的外径千分尺的测量范围为0～25 mm、25～50 mm、50～75 mm、75～100 mm等，每隔25 mm为一档规格。

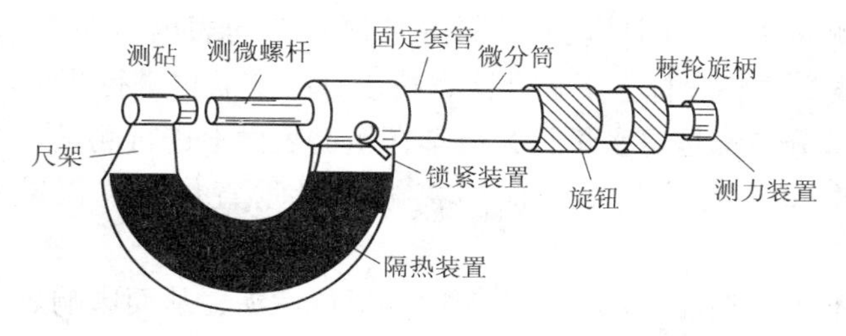

图7－8　外径千分尺

外径千分尺在测量前必须校正零位，如果零位不准，可用专用扳手转动固定套管。当零线偏离较多时，可松开固定螺钉，使测微螺杆与微分筒松动，再转动微分筒来对准零位。

（2）内径千分尺（略）。

（3）内测千分尺。

使用千分尺时的注意事项如下：

① 测量前先将千分尺擦干净，检查对正零位，如果不能对正零位，其差数就是量具的本身误差。

② 测量时，转动测力装置和微分套筒，当测微螺杆和被测量面轻轻接触而使内部发出“吱吱”响声时，即可读出测量尺寸。

③ 测量时要把千分尺的位置放正，量具上的测量面要在被测量面上放平放正。

④ 千分尺是一种精密量具，不宜测量粗糙毛坯面。

3）百分表和千分表

用于铣削的仪表式量具有百分表和千分表等（图 7-9），它在使用中需要被安装在表架上。图 7-10（a）是在磁性表座上的安装情况，图 7-10（b）是在普通表座上的安装情况。

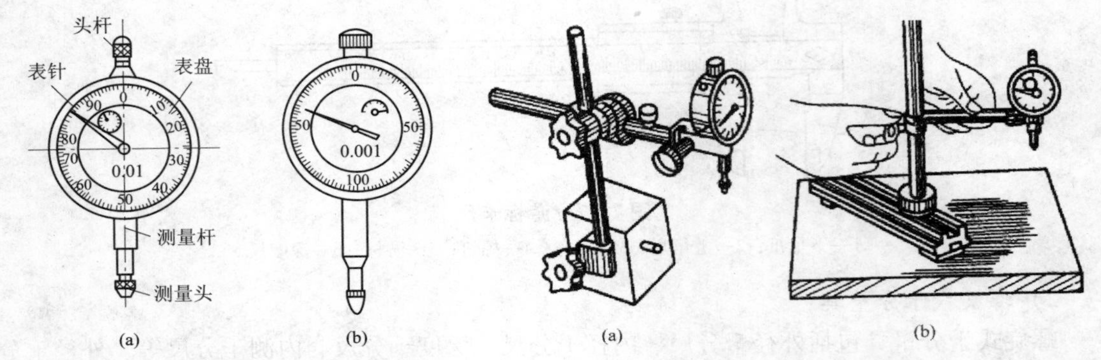

图 7-9　百分表和千分表

（a）百分表；（b）千分表

图 7-10　百分表的安装

（a）磁性表座安装；（b）普通表座安装

百分表和千分表主要在检验和校正工件时使用。当测量头和被测量工件的表面接触时，测量杆就会直线移动，经表内齿轮齿条的传动和放大，其变为表盘内指针的角度旋转，从而在刻度盘上指示出测量杆的移动量。百分表的刻度值为 0.01 mm，千分表的刻度值为 0.005 mm、0.002 mm、0.001 mm 等。

使用百分表和千分表时的注意事项如下：

（1）测量时，测量头与被测量表面接触并使测量头向表内压缩 1～2 mm，然后转动表盘，使指针对正零线，再将表杆上下提几次，待表针稳定后再进行测量。

（2）百分表和千分表都是精密量具，严禁在粗糙表面上进行测量。

（3）测量时，测量头与被测量表面的接触尽量垂直位置，以减小误差，保证测量准确。

（4）在测量杆上不要加油，油液进入表内会形成污垢，从而影响表的灵敏度。

（5）要轻拿轻放，尽量减少振动，要防止某一种物体撞击测量杆。

4）角度测量量具

（1）游标万能角度尺。

游标万能角度尺也称万能量角器，它的刻度值有 2′和 5′两种，图 7-11 所示是 2′游标万能角度尺，其读法与外径千分尺相似。图 7-12 所示是游标万能角度尺测量工件示意图。

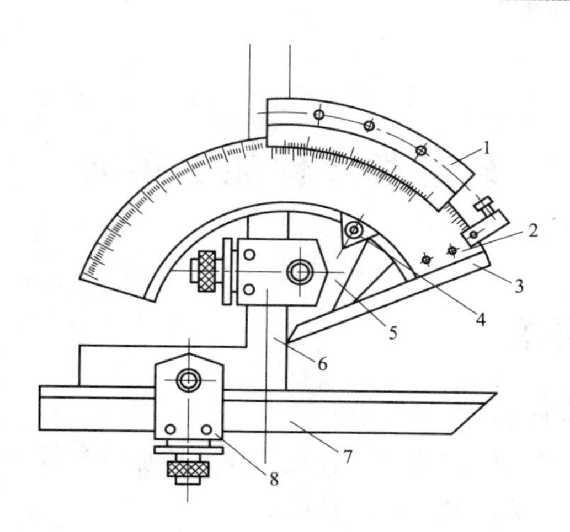

图7－11　万能角度尺

1—游标；2—扇形板；3—基尺；4—制动器；5—底板；6—角尺；7—直尺；8—夹紧块

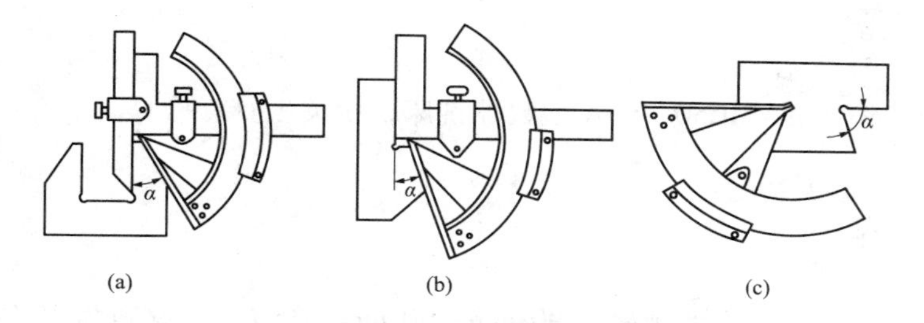

图7－12　万能角度尺测量工件

（a）测量外角；（b）测量外角；（c）测量燕尾槽

（2）直角尺。

直角尺是专门用来测量直角和垂直度的角度量具（图7－13）。测量时，先使一个尺边紧贴被测工件的基准面，根据另一尺边的透光情况来判断垂直度或90°角的误差。要注意尺不能歪斜，否则会影响测量效果。

5）塞尺

塞尺也称厚薄规（图7－14），它是由不同厚度的薄钢片组成的一套量具，用于检测两个结合面间的间隙大小。每片钢片上都标注有其厚度。

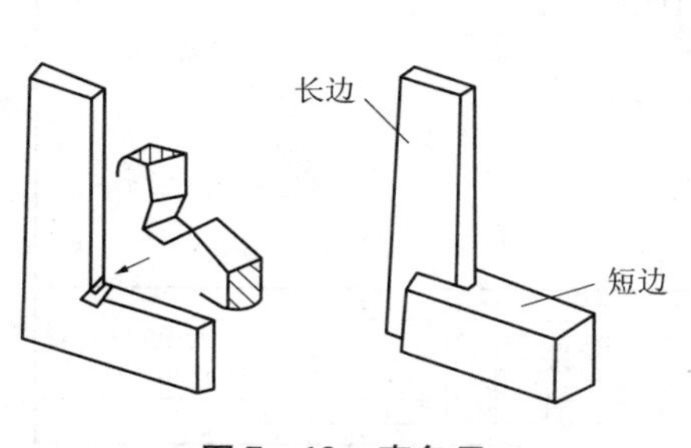

图7－13　直角尺

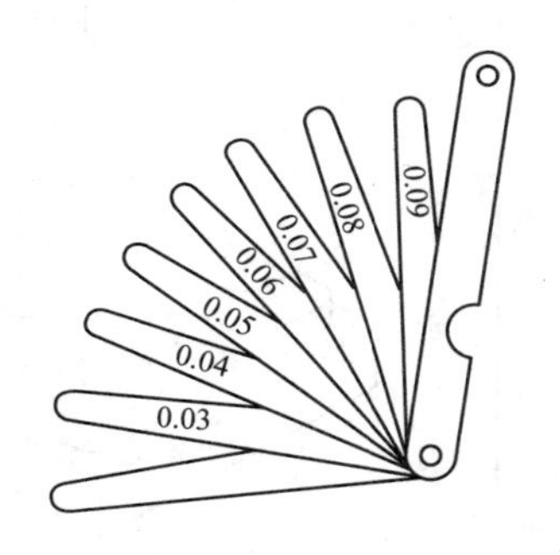

图7－14　塞尺

【任务实施】

轮廓类零件加工实训

1. 实训目的和要求

（1）掌握轮廓类零件加工的技术要点。
（2）正确编制加工工艺、零件程序，合理选择数控加工参数。
（3）进一步巩固数控铣床的独立操作技能。
（4）正确使用检测量具并能够对轮廓类工件进行加工质量分析。

2. 实训设备

XK714 型数控铣床，VMC50－60A 型数控铣床，相关工具、检具。

3. 实训内容

如图 7－15 所示，已知毛坯规格为 90 mm×90 mm×35 mm，材料为 45 钢，毛坯六面已加工，要求制定该零件的加工工艺、编制数控加工程序并完成零件的加工。

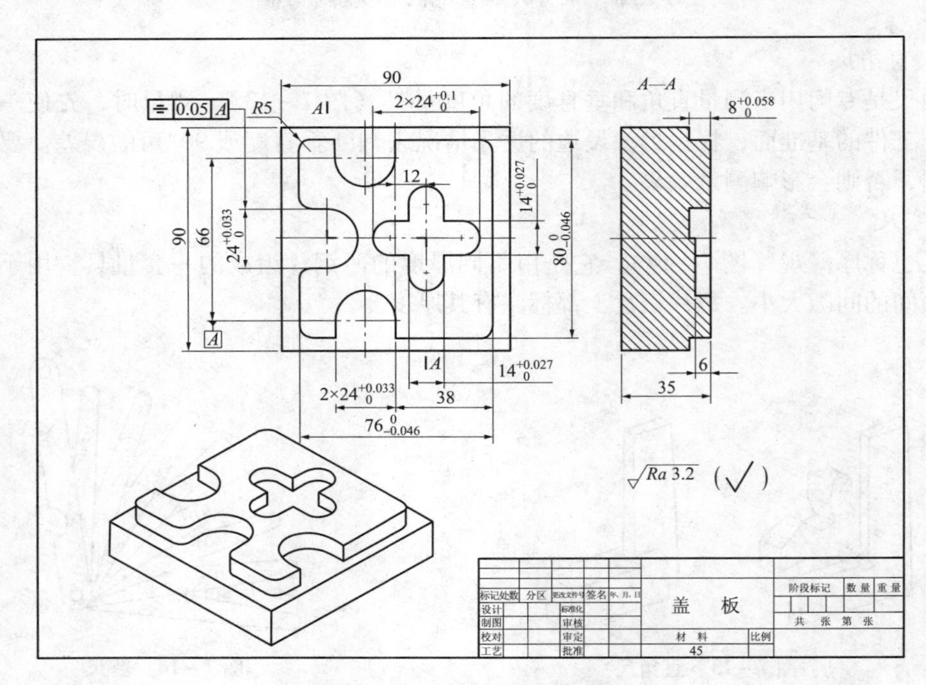

图 7－15 轮廓加工实操示意

1）制定零件的加工工艺

（1）零件数控加工参考方案。

① 粗、精铣凸台外轮廓，粗铣时留 0.1 mm 精加工单边余量。

② 粗、精铣十字凹槽，粗铣时留 0.1 mm 精加工单边余量。

（2）请根据工艺分析过程，填写数控加工工序卡（表 7－1）。

表 7－1　数控加工工序卡

加工步骤		刀具与切削参数			
工步	加工内容	刀具规格		主轴转速 $n/$（$\mathrm{r \cdot min^{-1}}$）	进给速度 $F/$（$\mathrm{mm \cdot min^{-1}}$）
		刀具号	刀具类型		

2）编制数控加工程序

选取工件的上表面中心为编程原点，按照 SIEMENS 802D 系统指令格式编写数控加工程序。

3）零件的数控加工

按照以下步骤完成本零件的加工：

（1）选择加工机床，数控系统开机。

（2）机床各轴回参考点（对于配绝对值编码器的机床此步可省略）。

（3）安装工件。

（4）安装刀具并对刀。

（5）输入加工程序并检查调试。

（6）手动移动刀具退至距离工件较远处。

（7）自动加工。

（8）测量工件，对工件进行误差与质量分析并优化程序。

4）项目测试

零件检测及评分表见表 7－2。

表 7－2　零件检测及评分表

工件编号				工位号		总得分	
考核项目		序号	考核内容与要求	配分	评分标准	检测结果	得分
工件加工评分（80 分）	凸台外轮廓	1	$80_{-0.046}^{0}$ mm	6	超差 0.01 mm 扣 1 分		
		2	$76_{-0.046}^{0}$ mm	6	超差 0.01 mm 扣 1 分		
		3	$2\times24_{0}^{+0.033}$	10	超差 0.01 mm 扣 1 分		
		4	*R*5 mm（4 处）	8	不符合要求无分		
		5	$8_{0}^{+0.058}$ mm	6	超差 0.01 mm 扣 1 分		
		6	38 mm	4	超差无分		
		7	66 mm	4	超差无分		
	十字凹槽	8	$14_{0}^{+0.027}$ mm	6	超差 0.01 mm 扣 1 分		
		9	$2\times42_{0}^{+0.1}$ mm	10	超差 0.01 mm 扣 1 分		
		10	12 mm	4	超差无分		
		11	6 mm	4	超差无分		
	其他	12	对称度 0.05 mm	7	不符合要求无分		
		13	按时完成，无缺陷	5	缺陷 1 处扣 2 分		
程序与工艺（10 分）		14	选择刀具正确	3	每错 1 处扣 1 分		
		15	工艺制定合理、正确	3	每错 1 处扣 1 分		
		16	指令应用合理、正确	4	每错 1 处扣 1 分		
现场操作规范（10 分）		17	刀具的正确使用	2			
		18	量具的正确使用	3			
		19	设备的正确操作与维护	5			
		20	安全操作	倒扣	每出现 1 次安全事故扣 20 分，严重时停止操作		

任务 8　槽类零件的加工

【学习任务单】

<table>
<tr><td>学习任务 8</td><td>槽类零件的加工</td></tr>
<tr><td>学习目标</td><td>1. 知识目标
掌握槽类零件的加工工艺要点与注意事项。
2. 能力目标
（1）能够利用数控铣床加工典型槽类零件；
（2）能正确选择工具、量具对槽类零件进行尺寸检测。
3. 素质目标
（1）培养学生在数控机床操作过程中具有安全操作、文明生产意识；
（2）培养学生在整个机床操作过程中的团队协作意识和吃苦耐劳的精神。</td></tr>
<tr><td colspan="2">1. 任务描述
掌握利用数控铣床进行槽类零件加工的工艺要点、注意事项，学习槽类零件的尺寸检测方法，会利用 SIEMENS 802D 系统数控铣床进行典型槽类零件的加工。
2. 任务实施
（1）学生分组，每小组 3 ~5 人；
（2）小组按任务工单进行分析和资料学习；
（3）小组经过讨论确定任务结果，每小组由中心发言人陈述，经过全体同学讨论，确定正确结果；
（4）检查总结。
3. 相关资源
（1）教材；（2）教学课件；（3）机床操作说明书。
4. 教学要求
（1）认真进行课前预习，充分利用教学资源；
（2）充分发挥团队合作精神，正确完成工作任务；
（3）团队之间相互学习，相互借鉴，提高学习效率。</td></tr>
</table>

【背景知识】

1. 槽加工的工艺

（1）内槽圆角的大小决定着刀具直径的大小，所以内槽圆角的半径不应太小。对于图 8 -1所示的零件，其结构工艺性的好坏与被加工轮廓的高低、转角半径的大小等因素有关。图 8 -1（b）与图 8 -1（a）相比，转角圆弧半径大，可以采用较大直径的立铣刀来加工。加工平面时，进给次数也应相应减少，这样表面加工质量也会好一些，因而其工艺性较好。

通常 $R<0.2H$ 时可以判定零件该部位的工艺性不佳。

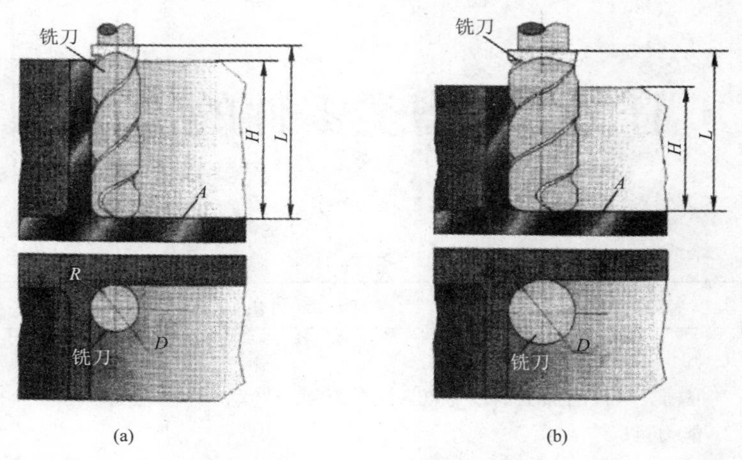

图 8－1　内槽圆角 *R*

（a）*R* 较小；（b）*R* 较大

（2）零件铣槽底平面时，槽底圆角半径 *r* 不能过大。如图 8－2 所示，铣刀端面刃与铣削平面的最大接触直径 $d=D-2r$（*D* 为铣刀直径）。当 *D* 一定时，*r* 越大，铣刀端面刃铣削平面的面积越小，加工平面的能力就越差，效率越低，工艺性也越差。当 *r* 大到一定程度时，甚至必须用球头铣刀加工，因此应该尽量避免 *r* 过大。

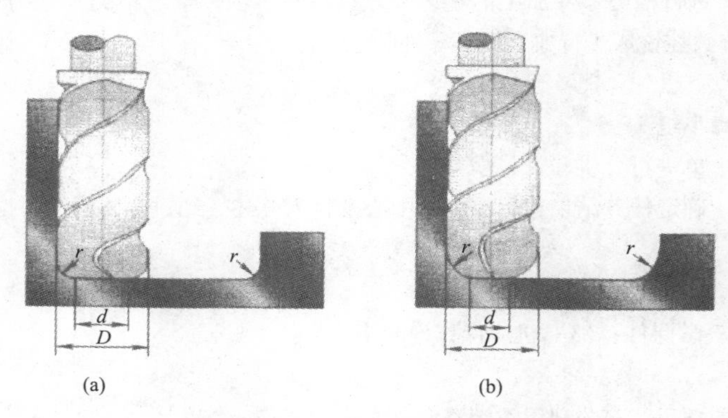

图 8－2　槽底圆角半径 *r*

（a）*r* 较小；（b）*r* 较大

2. 槽类加工的注意事项

（1）下刀点的位置应设在要加工的废料部位。如果下刀点位于空料位置，可直接用 G00 下刀；若在料中，最好用键槽铣刀下刀；若一次切深较多，应先钻引孔，然后用立铣刀或键槽铣刀从引孔处下刀。

（2）精修槽形边界时，应考虑刀具的引入、引出，应尽可能采用切向引入、引出。

（3）如槽底加工要求较高，为保证槽底的质量，宜在加工最后深度时对槽底作小余量的精修加工。

（4）从一个槽形加工完成到另一槽形时，必须进行 G00 的抬刀，提到坯料表面安全处，再移动 *XY* 方向，在移动过程中应考虑可能的干涉情形。

3. 槽类工件的尺寸检测

如图 8－3 所示，槽的宽度和深度测量可采用卡钳和金属直尺配合测量，也可用游标卡尺和千分尺测量，必要时也可采用弹簧内卡钳测量。

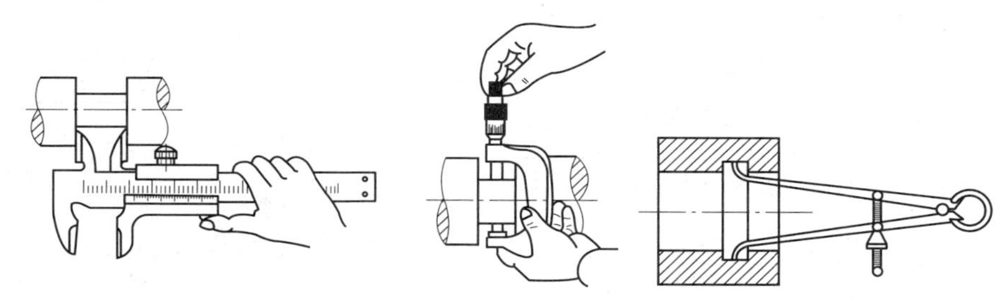

图 8－3　槽类工件的测量方法

【任务实施】

槽类零件加工实训

1. 实训目的和要求

（1）掌握槽类（型腔类）零件加工的技术要点。

（2）正确编制加工工艺、零件程序，合理选择数控加工参数。

（3）强化数控铣床的独立操作技能。

（4）正确使用检测量具并能够对型腔类工件进行加工质量分析。

2. 实训设备

XK714 型数控铣床，VMC50－60A 型数控铣床，相关工具、检具。

3. 实训内容

如图 8－4 所示，已知毛坯规格为 35 mm × 40 mm × 85 mm，材料为 45 钢，要求制定该零件的加工工艺，编制加工程序并完成零件的加工。

1）制定零件的加工工艺

（1）零件数控加工参考方案。

① 粗、精铣宽度 $18^{+0.027}_{0}$ mm 槽，粗铣时留 0.2 mm 精加工单边余量。

② 粗、精铣 90°V 型槽，粗铣时留 0.2 mm 精加工单边余量。

③ 粗、精铣宽度 4 mm 槽，粗铣时留 0.2 mm 精加工单边余量。

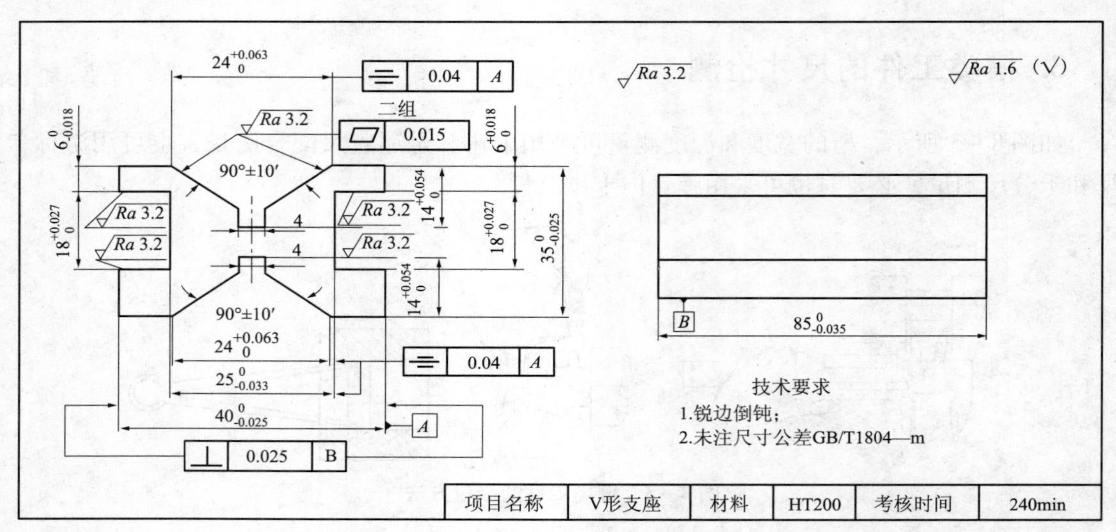

图 8－4　槽类零件图

（2）请根据工艺分析过程，填写数控加工工序卡（表 8－1）。

表 8－1　数控加工工序卡

加工步骤		刀具与切削参数			
工步	加工内容	刀具规格		主轴转速 $n/$ （$\mathrm{r \cdot min^{-1}}$）	进给速度 $F/$ （$\mathrm{mm \cdot min^{-1}}$）
		刀具号	刀具类型		

2）编制数控加工程序

选取工件的上表面中心为编程原点，按照 SIEMENS 802D 系统指令格式编写数控加工程序。

3）零件的数控加工

按照以下步骤完成本零件的加工：

（1）选择加工机床，数控系统开机。

（2）机床各轴回参考点（对于配绝对值编码器的机床此步可省略）。

（3）安装工件。

（4）安装刀具并对刀。

（5）输入加工程序并检查调试。

（6）手动移动刀具退至距离工件较远处。

（7）自动加工。

（8）测量工件，对工件进行误差与质量分析并优化程序。

4）项目测试

零件检测及评分表见表8－2。

表8－2　零件评分记录表

序号	项目	考核内容	配分	评分标准	检测结果	得分
1	外形	$40_{-0.025}^{0}$	4	超差0.01 mm扣1分		
		$Ra1.6\ \mu m$	2	每降1级扣1分		
		$35_{-0.025}^{0}$	4	超差0.01 mm扣1分		
		$Ra1.6\ \mu m$	2	每降1级扣1分		
		$85_{-0.035}^{0}$	4	超差0.01 mm扣1分		
		$Ra1.6\ \mu m$	2	每降1级扣1分		
2	V形槽	$24_{0}^{+0.063}$（2处）	4	超差0.01 mm扣1分		
		$Ra3.2\ \mu m$（4处）	12	每降1级扣1分		
		$14_{0}^{+0.054}$（2处）	4	超差0.01 mm扣1分		
		$Ra3.2\ \mu m$（2处）	2	每降1级扣1分		
		4（2处）	2	超差不得分		
		90°±10′（2处）	8	超差不得分		
3	槽	$25_{-0.033}^{0}$	4	超差0.01 mm扣1分		
		$Ra3.2\ \mu m$（2处）	4	每降1级扣1分		
		$18_{0}^{+0.027}$（2处）	6	超差0.01 mm扣1分		
		$Ra3.2\ \mu m$（2处）	4	每降1级扣1分		
		$6_{-0.018}^{0}$（2处）	4	超差0.01 mm扣1分		
4	行位公差	⊥ 0.025 B（2处）	4	超差0.01 mm扣1分		
		⏥ 0.015（4处）	8	超差0.01 mm扣1分		
		⌯ 0.04 A（3处）	6	超差0.01 mm扣1分		
5	安全文明生产	执行操作规程 正确使用工量刃具 正确选择切削用量 卫生、设备保养	10	每违反1条扣1分，出现安全事故全扣		
合计			100			

【知识拓展】

FANUC 0i Mate-MC 系统数控铣床的操作

1. FANUC 0i Mate-MC 系统数控操作面板

FANUC 0i Mate-MC 数控系统的操作面板如图 8－5 所示，其各键功能与使用方法见任务 1，在此不再赘述。

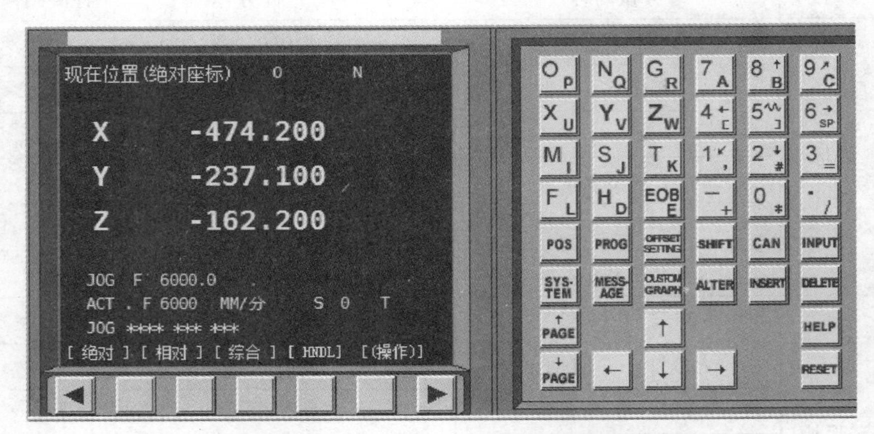

图 8－5　FANUC 0i Mate-MC 数控系统的操作面板

机床操作面板各键的功能与 SIEMENS 802D 数控系统机床的操作面板类似。

2. FANUC 0i Mate-MC 系统数控机床的加工过程

（1）通电开机，回参考点。

① 开机。接通机床和 CNC 电源，该部分一般包括启动强电部分的 220 V 或 380 V 电源和启动数控系统的 24 V 直流电源两部分。系统引导以后进入“加工”操作区手动运行方式，抬起“急停”按钮，此时用户即可操作机床。

② 回参考点。配备增量编码器的机床开机后须先进行回参考点操作。在“回参考点”方式下按“ $+X$ ”、“ $+Y$ ”、“ $+Z$ ”坐标轴方向键，使坐标轴回参考点。只有系统所有坐标轴都到达参考点时才能称完成了该项操作。

（2）安装零件和刀具装夹。

（3）对刀。

① X、Y 轴对刀。利用对刀仪或试切法对刀时，按前面所述步骤采用手轮方式将刀具移动到各轴的正确对刀位置后，按下系统 MDI 面板中的“OFFSET SETTING”键，切换到如图 8－6 所示的刀具偏置补偿设置页面，在该页面可以进行从 G54 ~ G59 的工件坐标系的

设置。例如将光标移动到 G54 *X*（或 *Y*）位置，输入刀具中心到工件坐标系原点的坐标值（注意分清正、负值），如图中的“X50”，然后按屏幕下方的“测量”软键，系统会计算出刀具 *X* 轴（或 *Y* 轴）的偏置补偿值并输入系统。

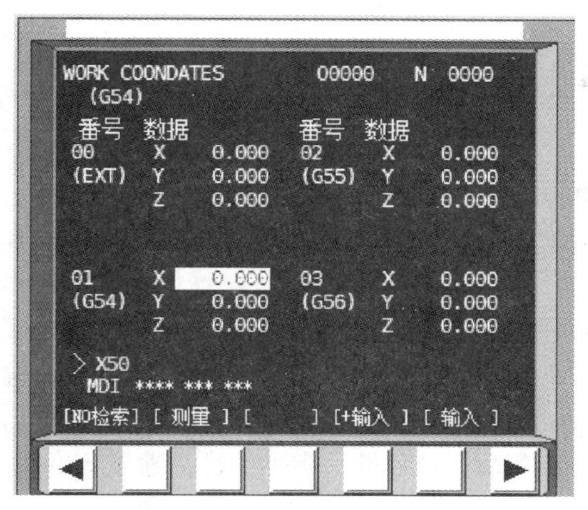

图 8-6　刀具偏置补偿设置页面

② *Z* 轴对刀。用手轮控制刀具接触到工件上表面，保持该位置不动，在图 8-7 所示的刀具偏置设置页面中，将光标移动到 *Z* 处，输入“Z0”（若将工件坐标系原点建立在工件上表面）并按下“测量”软键，系统会计算出刀具 *Z* 轴的偏置补偿值并输入系统。

③ 刀具参数设置。连续按动“OFFSET SETTING”键或按屏幕下方的“补正”软键，进入如图 8-7 所示的界面，利用该界面可以进行刀具半径补偿值或长度补偿值的设置。例如，当前刀具为 $\phi20$ 的立铣刀，将光标移动到“形状（D）”位置处，输入刀具的半径值“10”，按下 MDI 键盘中的“INPUT”键，则完成了刀具半径补偿值的输入。

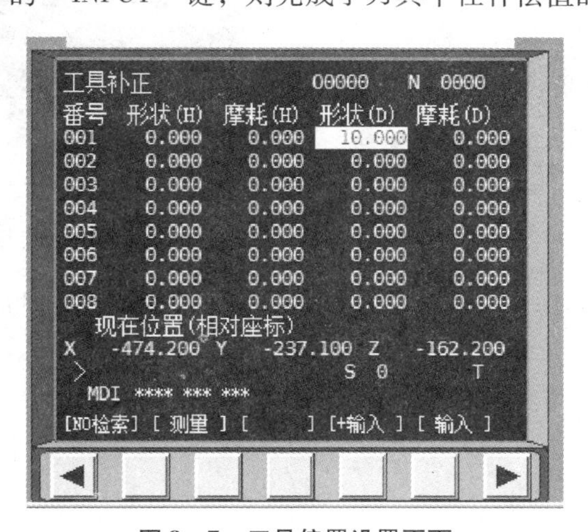

图 8-7　刀具偏置设置页面

（4）利用 MDI 模式进行对刀验证。

在“MDI”模式下可以编制一段程序并加以执行，但不能加工由多个程序段描述的轮廓。其通常用于刀具定位、验证对刀、设定主轴转速等操作。

① 按下控制面板上的“MDI”键，机床切换到 MDI 运行方式，则系统显示如图 8－8 所示。

② 用系统面板输入指令。

③ 输入完一段程序后，将光标定位到程序头，点击操作面板上的“循环启动”按钮，运行程序。程序执行完自动结束，也可按“停止”按键中止程序运行。

注意：在程序启动后不可以再对程序进行编辑，只在“停止”和“复位”状态下才能对其编辑。

（5）程序的输入与编辑。

按任务 1 中所介绍的 FANUC 系统程序的建立、输入与编辑的方法完成程序的录入。

（6）自动加工。

在启动程序前将刀具移动到远离工件的位置，在程序管理界面选择程序并将操作方式选择为“自动运行”方式，按下“循环启动”键则程序开始执行。程序执行时，按下“PROG”键可显示如图 8－9 所示的系统监视界面，在该界面中可显示当前运行的程序行、所在工件坐标系的坐标值、剩余移动余量及实际的进给速度 F 值和主轴转速 M 值，便于进行程序运行状态的检查。

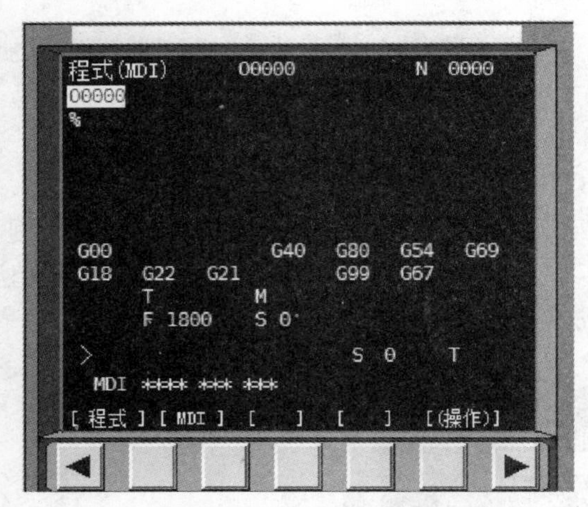

图 8－8　MDI 模式界面

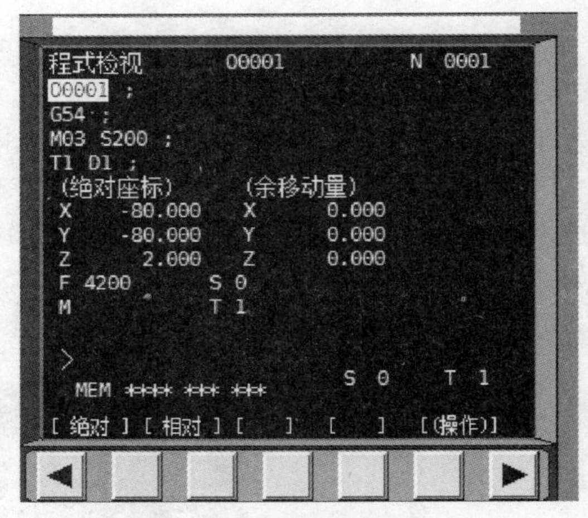

图 8－9　系统监视界面

（7）零件检测与程序修改。

在完成零件首件试切后，应进行零件加工质量的检验，必要时进行程序的修改与调试，直至程序无误后方可进行正式加工。

任务9 孔类零件的加工

【学习任务单】

<table>
<tr><td>学习任务9</td><td>孔类零件的加工</td></tr>
<tr><td>学习目标</td><td>1. 知识目标
（1）掌握孔加工的工艺特点与加工步骤；
（2）掌握加工中心的操作要点。
2. 能力目标
（1）能够正确完成加工中心的换刀操作；
（2）能正确利用加工中心完成孔类零件的加工与检测。
3. 素质目标
（1）培养学生在数控机床操作过程中具有安全操作、文明生产意识；
（2）培养学生在整个机床操作过程中的团队协作意识和吃苦耐劳的精神。</td></tr>
<tr><td colspan="2">1. 任务描述
孔类零件加工由于工艺步骤多，所用刀具多，在实际加工中可采用加工中心来加工。通过对加工中心自动换刀功能与操作的学习，掌握常见孔加工的方法与步骤，学会利用加工中心进行孔类零件的加工与检测。
2. 任务实施
（1）学生分组，每小组3～5人；
（2）小组按任务工单进行分析和资料学习；
（3）小组经过讨论确定任务结果，每小组由中心发言人陈述，经过全体同学讨论，确定正确结果；
（4）检查总结。
3. 相关资源
（1）教材；（2）教学课件；（3）机床操作说明书。
4. 教学要求
（1）认真进行课前预习，充分利用教学资源；
（2）充分发挥团队合作精神，正确完成工作任务；
（3）团队之间相互学习，相互借鉴，提高学习效率。</td></tr>
</table>

【背景知识】

1. 常见孔加工的方法与步骤

在金属切削中孔加工的常用方法有钻孔、扩孔、铰孔、锪孔、镗孔等。数控铣床和加工中心比数控车床多了一种方法，即整圆铣孔。表9－1列举了常见孔的加工方法和一般所能

达到的公差等级、表面粗糙度，应根据孔的技术要求选择合理的加工方法和加工步骤，见表9－2。

表9－1　孔的加工方法与公差等级和表面粗糙度

序号	加工方法	公差等级	表面粗糙度 $Ra/\mu m$	适用范围
1	钻	IT11IT13	50～12.5	可用于加工未淬火钢及铸铁的实心毛坯，也可以用于加工非铁金属（但表面粗糙度较差）
2	钻→铰	IT9	3.2～1.6	
3	钻→粗铰→精铰	IT7～IT8	1.6～0.8	
4	钻→扩	IT11	6.3～3.2	
5	钻→扩→铰	IT8～IT9	1.6～0.8	
6	钻→扩→粗铰→精铰	IT7	0.8～0.4	
7	粗镗（扩孔）	IT11～IT13	6.3～3.2	除淬火钢外的各种材料，有铸出孔或锻出孔的毛坯
8	粗镗（扩孔）→半精镗（精扩）	IT8～IT9	3.2～1.6	
9	粗镗（扩）→半精镗（精扩）→精镗	IT6～IT7	1.6～0.8	

注：对于孔深/孔径≤5 mm的孔类加工，可参照表9－2来安排加工方法。

表9－2　孔的加工方法与步骤

孔的精度	孔的毛坯性质	
	在实体材料上加工孔	预先铸出或热冲出的孔
H3、H12	一次钻孔	用扩孔钻钻孔或用镗刀镗孔
H11	孔径≤10 mm：一次钻孔	孔径≤80 mm：粗扩、精扩、或用镗刀粗镗、精镗，或根据余量一次镗孔或扩孔
	孔径＝10～30 mm：钻孔及扩孔	
	孔径＝30～80 mm：钻、扩或钻、扩、镗	
H10、H9	孔径≤10 mm：钻孔及铰孔	孔径≤80 mm：用镗刀粗镗（一次或二次，根据余量而定），铰孔（或精镗）
	孔径＝10～30 mm：钻孔、扩孔及铰孔	
	孔径＝30～80 mm：钻、扩或钻、镗、铰	
H8、H7	孔径≤10 mm：钻孔、扩孔、铰孔	孔径≤80 mm：用镗刀粗镗（一次或二次，根据余量而定）及半精镗、精镗或精铰
	孔径＝10～30 mm：钻孔、扩孔及一二次铰孔	
	孔径＝30～80 mm：钻、扩或钻、扩、镗	

注：对于孔深/孔径≥5 mm的孔类加工（属于深孔），钻孔时应考虑排屑从而采用间歇进给。当孔位要求较高时，用中心钻点孔。

1）打中心孔（点孔）

打中心孔在钻孔加工之前，由中心钻来完成。由于麻花钻的横刃具有一定的长度，引钻时不易定心，加工时钻头旋转轴线不稳定，因此利用中心钻在平面上先预钻一个凹坑，以便于钻头钻入时定心。由于中心钻的直径较小，加工时主轴转速应不得低于1000 r/min。

2） 钻孔

钻孔是用麻花钻在工件实体材料上加工孔的方法。麻花钻是钻孔最常用的刀具，一般用高速钢制造。钻孔精度一般可达到 IT10 ~ IT11 级，表面粗糙度 Ra = 50 ~ 12. 5 μm，钻孔直径范围为 0. 1 ~ 100 mm，钻孔深度的变化范围也很大，广泛应用于孔的粗加工，也可作为不重要的孔的最终加工。

3） 扩孔

扩孔是用扩孔钻对工件上已有的孔进行扩大的加工。扩孔钻有 3 ~ 4 个主切削刃，没有横刃，它的刚性及导向性好。扩孔加工精度一般可达到 IT9 ~ IT10 级，表面粗糙度 Ra = 6. 3 ~ 3. 2 μm。扩孔常用于已铸出、锻出或钻出孔的扩大，可用于要求不高的孔的最终加工或铰孔、磨孔前的预加工；常用于直径在 10 ~ 100 mm 范围内的孔的加工。一般工件的扩孔用麻花钻进行，当精度要求较高或生产批量较大时应用扩孔钻。扩孔的加工余量为 0. 4 ~ 0. 5 mm。

4） 铰孔

铰孔是利用铰刀从工件孔壁上切除微量金属层，以提高其尺寸精度、降低表面粗糙度值的方法。铰孔的精度可达到 IT7 ~ IT8 级，表面粗糙度 Ra = 1. 6 ~ 0. 8 μm，适用于孔的半精加工及精加工。铰刀是定尺寸刀具，有 6 ~ 12 个切削刃，其刚性和导向性比扩孔钻更好，适合加工中小直径孔。铰孔之前，工件应经过钻孔、扩孔等加工工序，铰孔的加工余量参考表 9 – 3。

表 9 – 3　铰孔余量（直径值）

mm

孔的直径	≤ϕ8	ϕ8 ~ ϕ20	ϕ21 ~ ϕ32	ϕ33 ~ ϕ50	ϕ51 ~ ϕ70
铰孔的余量	0. 1 ~ 0. 2	0. 15 ~ 0. 25	0. 2 ~ 0. 3	0. 25 ~ 0. 35	0. 25 ~ 0. 35

5） 镗孔

镗孔是利用镗刀对工件上已有的尺寸较大的孔的加工，特别适合加工分布在同一或不同表面上的孔距和位置精度要求较高的孔系。镗孔的加工精度可达到 IT7 级，表面粗糙度 Ra = 1. 6 ~ 0. 8 μm，应用于高精度加工场合。镗孔时，要求镗刀和镗杆必须具有足够的刚性；镗刀夹紧牢固，装卸和调整方便；具有可靠的断屑和排屑措施，确保切屑可顺利折断和排除。精镗孔的单边余量一般小于 0. 4 mm。

6） 铣孔

在加工单件产品或模具上某些孔径不常用的孔时，为节约定型刀具成本，可利用铣刀进行铣削加工。铣孔也适合于加工尺寸较大的孔，对于高精度机床，铣孔可以代替镗削。

2. 加工中心的换刀操作

加工中心的操作在很大程度上与数控铣床相似，只是相对数控铣床而言增加了刀库换刀的功能。加工中心的换刀方法有两种，一种是通过加工程序或用键盘方式输入指令实现的，这是通常使用的方法，另一种是依靠操作面板手动分步操作实现的。由于加工中心机械手的换刀动作比较复杂，手动操作时前后顺序必须完全正确并保证每一步动作到位，因此在手动

操作换刀时必须非常小心，以免出现事故。手动分步换刀一般只在机床出现故障需要维修时才使用。

在对加工中心进行换刀动作的编程时，应考虑如下问题：

(1) 进行换刀动作前必须使主轴准停，而且换刀前，刀补和循环都必须被取消掉，冷却液关闭。

(2) 换刀点的位置应根据所用机床的要求安排，有的机床要求必须将换刀位置安排在参考点处或至少应让 Z 轴方向返回参考点。

(3) 换刀完毕后，可使用指令返回下一道工序的加工起始位置。

(4) 换刀完毕后，安排重新启动主轴的指令。

(5) 为了节省自动换刀的时间，可考虑将选刀动作与机床加工动作在时间上重合起来。

此外，可以编制一个包含所有换刀条件的程序保存在系统内存中，在换刀时，在 MDI 状态下用调用该子程序的方法就可以一次性完成取消刀补、主轴准停、冷却液关闭、回换刀点等换刀动作。这样不仅在换刀过程中不易出错，而且加快了换刀效率。

加工中心利用刀库实现换刀，这是目前加工中心大量使用的换刀方式。刀库有多种形式，加工中心常用的有盘式、链式两种刀库。

刀库换刀时，按照换刀过程有无机械手参与，分成有机械手换刀和无机械手换刀两种情况。在有机械手换刀的过程中，使用一个机械手将加工完毕的刀具从主轴中拔出，与此同时，另一机械手将在刀库中待命的刀具从刀库中拔出，然后两者交换位置，完成换刀过程。无机械手换刀时，刀库中刀具的存放方向与主轴平行，刀具放在主轴可以到达的位置。换刀时，主轴箱移到刀库换刀位置的上方，利用主轴的 Z 向运动将加工用完的刀具插入刀库中要求的空位处，然后刀库中待换刀具转到待命位置，主轴 Z 向运动，将待换刀具从刀库中取出，并将刀具插入主轴。有机械手的系统在刀库配置、与主轴的相对位置及刀具数量的选择上都比较灵活，换刀时间短。无机械手方式结构简单，只是换刀时间要长。

机床在自动运行中，换刀的操作是靠执行换刀程序自动完成的。当手动操作机床时，换刀由人工操作完成或以 MDI 工作方式完成。

1）刀库返回参考点

在以下 3 种情况下，需要进行刀库返回参考点的操作：

(1) 在向刀号存储器输入刀号之前，应使刀库返回参考点。

(2) 在调整刀库时，如果刀套不在定位位置上，应使刀库返回参考点。

(3) 在机床通电之后或在机床和刀库调整结束、自动运行之前，应使刀库返回参考点。

2）MDI 方式下的换刀操作（以 FANUC 系统为例）

(1) 将工作方式选择开关置于 MDI 方式。

(2) 先运行 G28 指令将 Z 轴返回参考点，如有必要可加入 M19 指令使主轴准停。

(3) 输入“T××M06”，按“循环启动”键，则机床首先将主轴上现有的刀具插入刀库，然后刀库旋转到 T×× 位置处，机械手抓取 T×× 刀具并将其插入主轴，完成换刀过程。

3）主轴上刀具的装取

机床操作面板上有一个主轴刀具的松开与夹紧按钮。在正常情况下，主轴上的刀具处于被夹紧状态，按下“刀具松开”按钮，刀具被松开，按钮上方的指示灯亮，可以装取刀具。再按此按钮并放开后，刀具被夹，指示灯灭。操作者应注意，手动换刀时，在按下按钮松开主轴之前，要用手握住刀柄，以免刀具松开下落时损坏工作台和刀具。

4）刀具装入刀库的方法及操作

当加工所需要的刀具比较多时，要将全部刀具在加工之前根据工艺设计放置到刀库中，并给每一把刀具设定刀具号码，然后由程序调用。其具体步骤如下：

（1）将需用的刀具在刀柄上装夹好，并调整到准确尺寸；

（2）根据工艺和程序的设计将刀具和刀具号一一对应；

（3）主轴回参考点；

（4）手动输入并执行“T01 M06”；

（5）手动将1号刀具装入主轴，此时主轴上的刀具即为1号刀具；

（6）手动输入并执行“T02 M06”；

（7）首先机床自动将1号刀具放入刀库，然后手动将2号刀具装入主轴，此时主轴上的刀具即为2号刀具；

（8）将其他刀具按照以上步骤依次放入刀库。

此外，在刀库一侧有“刀库启动”按钮和拨码开关，通过它们可进行手动刀库转动的操作。

5）将刀具装入刀库中的注意事项

（1）装入刀库的刀具必须与程序中的刀具号一一对应，否则会损伤机床和加工零件。

（2）只有主轴回到机床零点时，才能将主轴上的刀具装入刀库或者将刀库中的刀具调在主轴上。

（3）交换刀具时，主轴上的刀具不能与刀库中的刀具重号。比如主轴上已是1号刀具，则不能再从刀库中调1号刀具。

【任务实施】

实训项目　孔系类零件的加工实训

1. 实训目的和要求

（1）巩固孔加工的指令。

（2）学会对孔系类零件进行加工工艺制定。

（3）掌握孔加工的刀具与量具。

（4）会利用加工中心或数控铣床完成孔类零件加工。

2. 实训设备

VMC850E型加工中心（沈阳机床股份有限公司），VMC850B型加工中心（宝鸡机床厂），相关工具、刀具、量具。

3. 实训内容

如图 9－1 所示，已知毛坯规格为 80 mm × 80 mm × 30 mm，材料为 45 钢，毛坯六面已加工，要求制定该零件的加工工艺，编制数控加工程序并完成零件的加工。

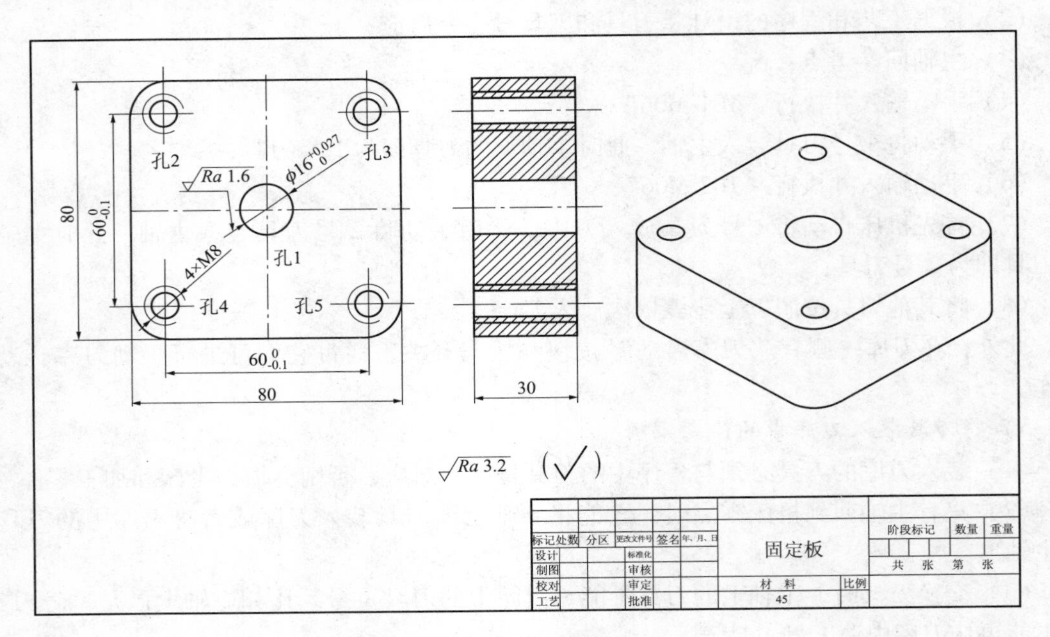

图 9－1 固定板零件

1）制定零件的加工工艺

（1）零件结构及技术要求分析。

① 零件毛坯六面已加工，需加工四个 M8 螺孔和一个 ϕ16 mm 的光孔。

② 孔较深且加工精度要求较高。

（2）零件加工工艺及工装分析。

① 工件采用机用平口虎钳装夹，一般应放在虎口钳中间，底面垫铁垫实，上面至少露出 10 mm，以免钳口干涉。工件中间有一通孔，垫铁放置要合理，以免钻削到垫铁。

② 加工方法：ϕ16 mm 孔是 8 级精度，对其采用“钻中心孔→钻底孔→扩孔→铰孔”的方法；对 M8 螺孔加工采用“钻中心孔→钻底孔→钻螺孔”的方法。

③ 刀具选择：ϕ3 mm 中心钻、ϕ6.5 mm 麻花钻、ϕ8 mm 丝锥、ϕ15.8 mm 麻花钻、ϕ16 mm铰刀。

（3）请根据工艺分析过程，填写数控加工工序卡（表 9－4）。

表9－4　数控加工工序卡

<table>
<tr><td colspan="2">加工步骤</td><td colspan="4">刀具与切削参数</td></tr>
<tr><td rowspan="2">工步</td><td rowspan="2">加工内容</td><td colspan="2">刀具规格</td><td rowspan="2">主轴转速 n/(r·min^{-1})</td><td rowspan="2">进给速度 F/(mm·min^{-1})</td></tr>
<tr><td>刀具号</td><td>刀具类型</td></tr>
<tr><td>1</td><td></td><td></td><td></td><td></td><td></td></tr>
<tr><td>2</td><td></td><td></td><td></td><td></td><td></td></tr>
<tr><td>3</td><td></td><td></td><td></td><td></td><td></td></tr>
<tr><td>4</td><td></td><td></td><td></td><td></td><td></td></tr>
<tr><td>5</td><td></td><td></td><td></td><td></td><td></td></tr>
</table>

2）编制数控加工程序

选取工件的上表面中心为编程原点，按照SIEMENS 802D或FANUC 0i M系统指令格式编写数控加工程序。

3）零件的数控加工

按照以下步骤完成本零件的加工：

（1）选择加工机床，数控系统开机。

（2）机床各轴回参考点（对于配绝对值编码器的机床此步可省略）。

（3）安装工件。

（4）安装刀具并对刀（注意刀具长度补偿的设置）。

（5）输入加工程序并检查调试。

（6）手动移动刀具退至距离工件较远处。

（7）自动加工。

（8）测量工件，对工件进行误差与质量分析并优化程序。

4）项目测试

零件检测及评分表见表9－5。

表9－5　零件检测及评分表

<table>
<tr><td colspan="2">工件编号</td><td colspan="2"></td><td colspan="2">工位号</td><td>总得分</td><td></td></tr>
<tr><td colspan="2">考核项目</td><td>序号</td><td>考核内容与要求</td><td>配分</td><td>评分标准</td><td>检测结果</td><td>得分</td></tr>
<tr><td rowspan="5">工件加工评分（80分）</td><td>光孔</td><td>1</td><td>$\phi16^{+0.027}_{0}$ mm</td><td>20</td><td>超差0.01 mm扣1分</td><td></td><td></td></tr>
<tr><td rowspan="2">螺孔</td><td>2</td><td>4×M8 mm</td><td>20</td><td>不符要求无分</td><td></td><td></td></tr>
<tr><td>3</td><td>$60^{0}_{-0.1}$ mm</td><td>20</td><td>超差0.01 mm扣1分</td><td></td><td></td></tr>
<tr><td rowspan="2">其他</td><td>4</td><td>$Ra=3.2$ μm</td><td>15</td><td>每降1级扣2分</td><td></td><td></td></tr>
<tr><td>5</td><td>按时完成无缺陷</td><td>5</td><td>缺陷1处扣2分</td><td></td><td></td></tr>
</table>

续表

工件编号			工位号		总得分	
考核项目	序号	考核内容与要求	配分	评分标准	检测结果	得分
程序与工艺（10分）	6	选择刀具正确	3	每错1处扣1分		
	7	工艺制定合理、正确	3	每错1处扣1分		
	8	指令应用合理、正确	4	每错1处扣1分		
现场操作规范（10分）	9	刀具的正确使用	2			
	10	量具的正确使用	3			
	11	设备的正确操作与维护	5			
	12	安全操作	倒扣	每出现1次安全事故扣20分，严重时停止操作		

任务 10　配合件的铣削加工

【学习任务单】

<table>
<tr><td>学习任务 10</td><td>配合件的铣削加工</td></tr>
<tr><td>学习目标</td><td>1. 知识目标
掌握铣削配合类零件的加工工艺要点。
2. 能力目标
（1）能够正确完成典型配合类零件的铣削加工；
（2）能正确对配合类零件的加工质量进行检验。
3. 素质目标
（1）培养学生在数控机床操作过程中具有安全操作、文明生产意识；
（2）培养学生在整个机床操作过程中的团队协作意识和吃苦耐劳的精神。</td></tr>
<tr><td colspan="2">1. 任务描述
配合类零件在加工过程中的形位精度与配合精度的保证是配合件加工的关键所在，通过对铣削配合件过程中的形位精度误差分析与配合质量问题分析，学会加工配合零件的技术要点并能够对配合件的加工质量进行检测。
2. 任务实施
（1）学生分组，每小组 3～5 人；
（2）小组按任务工单进行分析和资料学习；
（3）小组经过讨论确定任务结果，每小组由中心发言人陈述，经过全体同学讨论，确定正确结果；
（4）检查总结。
3. 相关资源
（1）教材；（2）教学课件；（3）机床操作说明书。
4. 教学要求
（1）认真进行课前预习，充分利用教学资源；
（2）充分发挥团队合作精神，正确完成工作任务；
（3）团队之间相互学习，相互借鉴，提高学习效率。</td></tr>
</table>

【背景知识】

铣削配合件形位精度和配合精度的分析

1. 形位精度

形位精度对配合精度有直接影响。形位精度有各加工表面与基准面的平行度，平行度一般采用百分表来检测。

在加工过程中，造成形位精度降低的一般原因见表10－1，可根据具体情况采取措施。

表10－1　铣削配合件形位精度误差分析

影响因素	序号	产生原因
装夹与找正	1	工件装夹不牢固，加工过程中产生松动与振动
	2	夹紧力过大，产生弹性变形，切削完成后变形恢复
	3	工件找正不正确，造成加工表面与基准面不平行或不垂直
刀具	4	刀具刚性差，刀具在加工过程中产生振动
	5	对刀不正确，产生位置精度误差
加工	6	背吃刀量过大，导致刀具发生弹性变形，加工面呈锥形
	7	切削用量选择不当，导致切削力过大，从而产生工件变形
工艺系统	8	夹具装夹、找正不正确（如钳口找正不正确）
	9	机床几何误差
	10	工件定位不正确或夹具与定位元件存在误差

2. 配合精度

铣削配合件常见配合质量问题及其原因分析见表10－2。

表10－2　配合质量问题及其原因分析

现　象	序号	可能原因
工件不能配合或配合得太紧	1	单件轮廓尺寸精度不正确
	2	工件找正不正确，造成加工面与基准面不平行或不垂直
配合后总高不正确	3	工件加工面交角处的圆角过大，工件落不到底
	4	单件高度尺寸加工不正确
两件不垂直	5	加工面与基准面不垂直

续表

现　象	序号	可能原因
配合间隙过大或配合喇叭口	6	加工面呈倒锥形，上大下小，造成配合间隙过大
	7	配合不合理
	8	精加工余量过大或刀具刚性差

【任务实施】

实训项目　铣削配合件的加工实训

1. 实训目的和要求

（1）掌握配合件加工的技术要点。
（2）学会对配合件的配合质量问题进行分析并加以解决。

2. 实训设备

数控铣床或加工中心，相关工具、刀具、检具。

3. 实训内容

在数控铣床上加工图 10 – 1、图 10 – 2 所示的配合件零件。零件材料为 45 钢，已完成上、下平面及周边侧面的预加工。

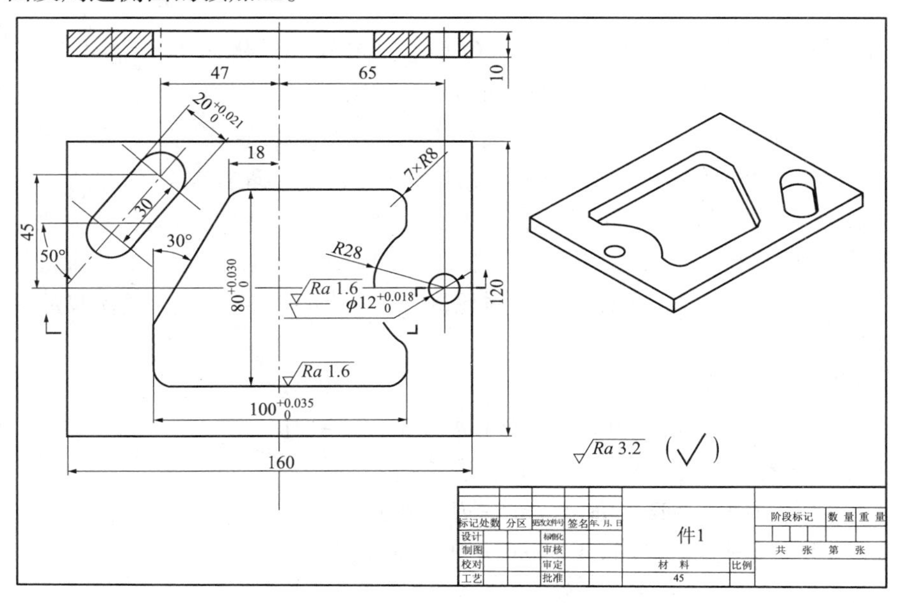

图 10 – 1　配合件 1

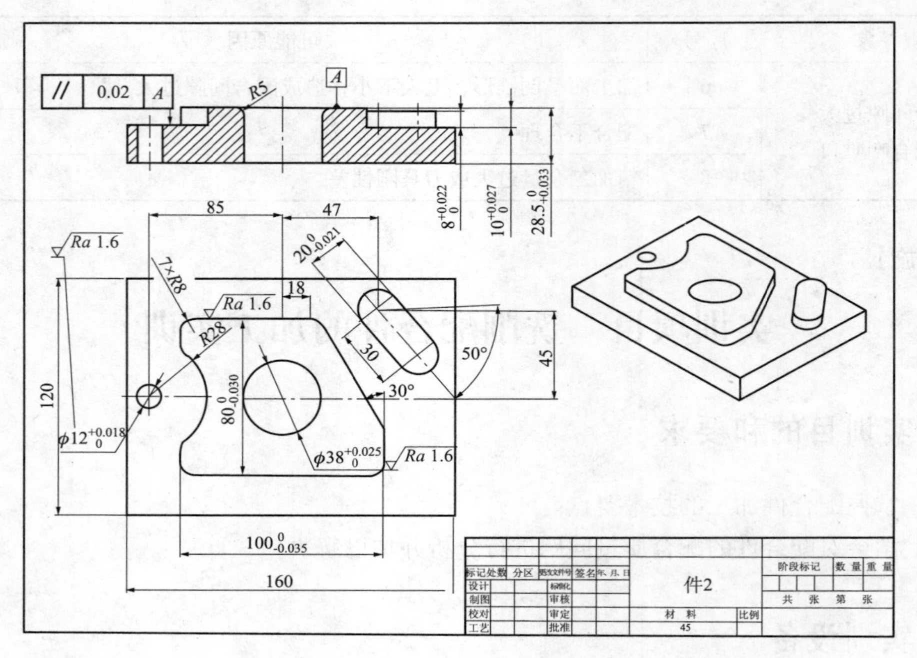

图 10－2　配合件 2

1）制定零件的加工工艺

（1）零件结构及技术要求分析。

零件为配合件，零件外轮廓为正方形，零件配合精度要求较高。

（2）零件的加工工艺及工装分析。

① 加工机床的选择。选用立式数控铣床，机床系统选用 FANUC 0i 系统或 SIEMENS 802D 系统。

② 工件的装夹。以底面和侧面作为定位基准，工件采用机用平口虎钳装夹，装夹时，钳口内垫上合适的高精度平行垫铁，垫铁间留出加工型腔时的落刀间隙，装夹后要进行工件的找正。工件装夹后所处的坐标位置应与编程中工件的坐标位置相同。

③ 加工方法及刀具的选择。在进行配合件加工时，要合理控制好首件凸、凹结构的尺寸大小，一般取尺寸偏差的上、下偏差，为加工配合工件尺寸精度和配合精度奠定基础。根据图样要求首先加工件 1，然后加工件 2。件 2 加工完成后，必须在拆卸之前与件 1 进行配合，若间隙偏小，可改变刀具半径补偿，对轮廓进行再加工，直至配合情况良好后方可取下件 2。

配合件 1 的加工方案为：

a. 铣削平面，保证尺寸为 10 mm，选用 ϕ80 mm 面铣刀。

b. 钻两个工艺孔，选用 ϕ11. 8 mm 直柄麻花钻。

c. 粗加工两个凹型腔，选用 ϕ14 mm 三刃立铣刀。

d. 精加工两个凹型腔，选用 ϕ12 mm 四刃立铣刀。

e. 点孔加工，选用 ϕ3 mm 中心钻。

f. 钻孔加工，选用 ϕ11. 8 mm 直柄麻花钻。

g. 铰孔加工，选用 ϕ12 mm 机用铰刀。

配合件 2 的加工方案为：

a. 铣削平面，保证尺寸为 28. 5 mm，选用 ϕ80 mm 面铣刀。

b. 粗加工两个凸台外轮廓，选用 ϕ16 mm 三刃立铣刀。

c. 铣削边角料，选用 ϕ16 mm 三刃立铣刀。

d. 钻中间位置孔，选用 ϕ11. 8 mm 直柄麻花钻。

e. 扩中间位置孔，选用 ϕ35 mm 锥柄麻花钻。

f. 精加工两个凸台外轮廓，并保证 8 mm 和 10 mm 的高度，选用 ϕ12 mm 四刃立铣刀。

g. 粗镗 ϕ37. 5 mm 孔，选用 ϕ37. 5 mm 粗镗刀。

h. 精镗 ϕ38 mm 孔，选用 ϕ38 mm 精镗刀。

i. 点孔加工，选用 ϕ3 mm 中心钻。

j. 钻孔加工，选用 ϕ11. 8 mm 直柄麻花钻。

k. 铰孔加工，选用 ϕ12 mm 机用铰刀。

l. 孔口 R5 mm 圆角，选用 ϕ14 mm 三刃立铣刀。

④ 切削用量的选择。工件材料为 $45^{\#}$钢，对于主轴转速的选择，粗加工及去除余量时取较低值，精加工时选择最大值；对于进给速度的选择，粗加工时选择较大值，精加工时应选择较小值；轮廓深度有公差要求时分两次切削，留一些精加工余量。

（3）请根据工艺分析过程，填写数控加工工序卡。

件 1 的数控加工工序卡填入表 10 – 3 中，件 2 的数控加工工序卡填入表 10 – 4 中。

表 10 – 3　件 1 的数控加工工序卡

<table>
<tr><td colspan="2">加工步骤</td><td colspan="2">零件名称</td><td colspan="3">配合件 1</td></tr>
<tr><td rowspan="2">工步号</td><td rowspan="2">加工内容</td><td colspan="3">刀具规格</td><td rowspan="2">主轴转速 n/（$r \cdot min^{-1}$）</td><td rowspan="2">进给速度 F/（$mm \cdot min^{-1}$）</td></tr>
<tr><td>刀具号</td><td>刀具类型</td><td>刀具材料</td></tr>
<tr><td>1</td><td></td><td></td><td></td><td></td><td></td><td></td></tr>
<tr><td>2</td><td></td><td></td><td></td><td></td><td></td><td></td></tr>
<tr><td>3</td><td></td><td></td><td></td><td></td><td></td><td></td></tr>
<tr><td>4</td><td></td><td></td><td></td><td></td><td></td><td></td></tr>
<tr><td>5</td><td></td><td></td><td></td><td></td><td></td><td></td></tr>
<tr><td>6</td><td></td><td></td><td></td><td></td><td></td><td></td></tr>
<tr><td>7</td><td></td><td></td><td></td><td></td><td></td><td></td></tr>
</table>

表 10-4 件 2 的数控加工工序卡

<table>
<tr><td colspan="2">加工步骤</td><td colspan="2">零件名称</td><td colspan="3">配合件 2</td></tr>
<tr><td rowspan="2">工步号</td><td rowspan="2">加工内容</td><td colspan="3">刀具规格</td><td rowspan="2">主轴转速 n /（r·min^{-1}）</td><td rowspan="2">进给速度 v_f /（mm·r^{-1}）</td></tr>
<tr><td>刀具号</td><td>刀具类型</td><td>刀具材料</td></tr>
<tr><td>1</td><td></td><td></td><td></td><td></td><td></td><td></td></tr>
<tr><td>2</td><td></td><td></td><td></td><td></td><td></td><td></td></tr>
<tr><td>3</td><td></td><td></td><td></td><td></td><td></td><td></td></tr>
<tr><td>4</td><td></td><td></td><td></td><td></td><td></td><td></td></tr>
<tr><td>5</td><td></td><td></td><td></td><td></td><td></td><td></td></tr>
<tr><td>6</td><td></td><td></td><td></td><td></td><td></td><td></td></tr>
<tr><td>7</td><td></td><td></td><td></td><td></td><td></td><td></td></tr>
<tr><td>8</td><td></td><td></td><td></td><td></td><td></td><td></td></tr>
<tr><td>9</td><td></td><td></td><td></td><td></td><td></td><td></td></tr>
<tr><td>10</td><td></td><td></td><td></td><td></td><td></td><td></td></tr>
<tr><td>11</td><td></td><td></td><td></td><td></td><td></td><td></td></tr>
<tr><td>12</td><td></td><td></td><td></td><td></td><td></td><td></td></tr>
</table>

2）编制数控加工程序

选取工件的上表面中心为编程原点，按照 SIEMENS 802D 或 FANUC 0i M 系统指令格式编写数控加工程序。

3）零件的数控加工

按照以下步骤完成本零件的加工：

（1）选择加工机床，数控系统开机。

（2）机床各轴回参考点（对于配绝对值编码器的机床此步可省略）。

（3）安装工件。

（4）安装刀具并对刀（注意刀具长度补偿的设置）。

（5）输入加工程序并检查调试。

（6）手动移动刀具退至距离工件较远处。

（7）自动加工。

（8）测量工件，对工件进行误差与质量分析并优化程序。

4）项目测试

零件检测及评分表见表 10-5。

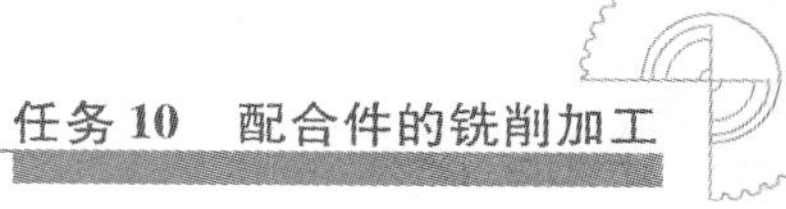

表10－5　零件检测及评分表

工件编号					工位号		总得分	
考核项目		序号	考核内容与要求	配分	评分标准	检测结果		得分
件1（30分）	凹槽	1	圆弧过渡光滑	4	有明显接痕每处扣1分			
		2	$R8$ mm（7处），$R28$ mm	5	不符合要求无分			
		3	$2\times24^{+0.033}_{0}$	2	超差0.01 mm扣1分			
		4	$80^{+0.030}_{0}$	2	超差0.01 mm扣1分			
		5	$8^{+0.058}_{0}$ mm	2	超差无分			
		6	$100^{+0.035}_{0}$	4	每降1级扣2分			
	孔	7	$\phi12^{+0.018}_{0}$ mm	5	超差0.01 mm扣1分			
		8	$Ra=1.6$ μm	4	每降1级扣2分			
	键形凹槽	9	$20^{+0.021}_{0}$ mm	2	超差0.01 mm扣1分			
件2（52分）	零件厚度	10	$28.5^{0}_{-0.033}$ mm	3	超差0.01 mm扣1分			
	平行度	11	0.02 mm	2	超差无分			
	孔	12	$\phi12^{+0.018}_{0}$	6	超差0.01 mm扣2分			
		13	$Ra=1.6$ μm	2	每降1级扣2分			
		14	$\phi38^{+0.025}_{0}$ mm	6	超差0.01 mm扣2分			
		15	$Ra=1.6$ μm	4	每降1级扣2分			
	孔口圆角	16	$R5$ mm	5	不符合要求无分			
	凸台	17	高度$10^{+0.027}_{0}$ mm	2	超差0.01 mm扣1分			
		18	圆弧过渡光滑	2	超差0.01 mm扣1分			
		19	$R8$ mm（7处），$R28$ mm	5	不符合要求无分			
		20	$80^{0}_{-0.030}$ mm	1	超差0.01 mm扣1分			
		21	$100^{0}_{-0.035}$ mm	1	超差0.01 mm扣1分			
		22	30°	1	超差无分			
		23	周边$Ra=1.6$ μm	4	每降1级扣2分			
	键形凸台	24	50°	1	超差无分			
		25	周边$Ra=1.6$ μm	4	每降1级扣2分			
		26	高度$8^{+0.022}_{0}$ mm	1	超差0.01 mm扣1分			
		27	宽度$20^{0}_{-0.021}$ mm	2	超差0.01 mm扣1分			
残料清角		28	外轮廓加工后的残料必须切除；内轮廓必须清角	5	每留1个残料岛屿扣1分；没有清角每处扣1分，扣完为止			

续表

工件编号			工位号		总得分	
考核项目	序号	考核内容与要求	配分	评分标准	检测结果	得分
配合	29	双边配合间隙 < 0.06 mm	4	超差不得分		
安全文明生产	30	（1）遵守机床安全操作规范； （2）刀具、工具、量具放置、使用合理、规范	3	每违反规程 1 次扣 1 分，严重者终止操作		
工艺合理	31	（1）工件定位、夹紧及刀具选样合理； （2）加工顺序及刀具轨迹路线合理	3	每错 1 处扣 1 分		
程序编制	32	（1）指令正确，程序完整； （2）数值计算正确，程序编写表现出一定技巧； （3）刀具补偿功能正确； （4）切削参数、坐标系选择正确、合理	3	每错 1 处扣 1 分		

任务 11　数控机床的合理使用与保养

【学习任务单】

<table>
<tr><td>学习任务 11</td><td>数控机床的合理使用与保养</td></tr>
<tr><td>学习目标</td><td>1. 知识目标
（1）掌握数控机床维护保养的基本要求；
（2）掌握各类机床日常维护的内容。
2. 能力目标
能够对各类数控机床进行日常维护保养操作。
3. 素质目标
（1）培养学生在数控机床操作过程中具有安全操作、文明生产意识；
（2）培养学生在整个机床操作过程中的团队协作意识和吃苦耐劳的精神。</td></tr>
<tr><td colspan="2">1. 任务描述
学习数控机床维护保养的基本要求与主要内容，掌握各类型数控机床保养的部位、时间与具体操作方法，使操作者管好、用好设备。
2. 任务实施
（1）学生分组，每小组 3～5 人；
（2）小组按任务工单进行分析和资料学习；
（3）小组经过讨论确定任务结果，每小组由中心发言人陈述，经过全体同学讨论，确定正确结果；
（4）检查总结。
3. 相关资源
（1）教材；（2）教学课件；（3）机床操作说明书。
4. 教学要求
（1）认真进行课前预习，充分利用教学资源；
（2）充分发挥团队合作精神，正确完成工作任务；
（3）团队之间相互学习，相互借鉴，提高学习效率。</td></tr>
</table>

【背景知识】

1. 数控机床的维护保养的意义与要求

1）操作者维护保养数控设备的重要性

随着数控机床被越来越多地应用于制造业，各数控设备的使用单位对数控操作者的需求也越来越迫切。但是目前绝大部分使用单位除了重视数控操作者的操作技能并给予定期培训外，对操作者保养设备的工作强调得远远不够，长此以往，势必造成数控设备的“只用不保”，其最直接的后果就是数控设备的故障率不断上升、利用率不断下降，设备使用单位会陷入生产断续、疲于维修的恶性循环。

因此，数控设备的维护与保养是保持设备处于良好技术状态、延长使用寿命、减少停工损失和维修费用、降低生产成本、保证生产质量、提高生产效率所必须进行的日常工作。对于高精度、高效率的数控机床而言，维护保养更为重要。

使用单位要制定数控设备维护与保养的培训计划，定期对操作者进行数控设备保养方面的知识培训。要加强职能部门对数控设备的巡回检查，制定严格的奖惩制度。其目的是使操作者在脑海中形成“使用设备就要保养设备”的观念。操作者要不断提高自身修养，认真学习数控设备各级维护与保养的知识，严格遵守单位制定的有关数控设备保养的规章制度，本着“磨刀不误砍柴工”的原则，按照数控设备的保养规范的要求保养好所用的设备。

2）数控设备维护的基本要求

（1）完整性。数控机床的零部件齐全，工具、附件、工件放置整齐，线路、管道完整。

（2）洁净性。数控机床内外清洁，无黄袍、无黑污、无锈蚀；各滑动面、丝杠、齿条、齿轮等处无油垢、无碰伤；各部位不漏油、不漏水、不漏气、不漏电；切削垃圾被清扫干净。

（3）灵活性。为保证部件的灵活性，必须按照数控机床的润滑标准，定时定量加油、换油。油质要符合要求；油壶、油枪、油杯、油嘴应齐全；油毡、油线应清洁，油标明亮，油路畅通。

（4）安全性。严格实行定人定机和交接班制度；操作者必须熟悉数控机床的结构，遵守操作维护规程，合理使用，精心维护，勤检测异常，保证不出事故：各种安全防护装置应齐全可靠，控制系统正常，接地良好，无事故隐患。

3）对数控机床操作人员的要求

与机床接触最多，能掌握机床运转“脉搏”的是操作人员。他们整天操作机床，积累了丰富的实践经验，对机床各部分的状态了如指掌。他们在正确使用和精心维护方面做得如何往往对数控机床的状态有着重要的影响。因此，一个合格的数控机床操作者应具备如下基本条件：

（1）有较高的思想素质。工作勤勤恳恳，具有良好的职业道德，能刻苦钻研技术；文化程度在中专以上，并具有较丰富的实践经验。

（2）熟练掌握各种操作与编程技能。能正确熟练地对自己所负责的数控机床进行各种操作，并熟练掌握编程方法，能编制出正确优化的加工程序，避免因操作失误或编程错误造成碰撞而导致机床故障。

（3）深入了解机床特性，掌握机床的运行规律。对机床的特性有较深入的了解，并能逐步摸索掌握运行中的情况及某些规律。对由操作人员负责进行的日常维护及保养工作能正确熟练操作，从而保持机床的良好状态。

（4）熟知操作规程及维护和检查的内容。应熟知本机床的基本操作规程和安全操作规程、日常维护和检查的内容及其应达到的标准、保养和润滑的具体部位及要求。知道本机床所使用的油（脂）牌号、代用油（脂）牌号、液压及气动系统的正常压力。

（5）认真处理并做好记录。对运行中发现的任何不正常的情况和征兆都能认真处理并做好记录。一旦发生故障，要及时正确地进行应急处理并尽快找维修人员进行维修。在修理过程中，与维修人员密切配合，共同完成对机床故障的诊断及修理工作。

2. 数控设备维护的主要内容

1）数控机床日常维护的要点

（1）保持良好的润滑状态。

定期检查清洗润滑系统，添加或更换油脂、油液，使丝杠和导轨等运动部件始终保持良好的润滑状态，降低机械磨损的速度。

（2）定期检查液压、气压系统。

对液压系统定期进行油质化验并更换液压油并定期对润滑、液压和气压系统的过滤器或过滤网进行清洗或更换，对于气压系统，还要注意及时对分水滤气器放水。

（3）尽量少开电气控制柜门。

加工车间漂浮的灰尘、油雾和金属粉末等落在电气柜上容易造成元器件间绝缘电阻下降，导致出现故障，甚至会使元器件或印制电路板损坏。对于主轴控制系统安装在强电柜中的情况，强电柜门关闭不严、密封不良是使电器元件损坏、主轴控制失灵的原因之一。因此，除定期维护和维修外，平时应尽量少开电气控制柜门。

（4）定期对直流电动机进行电刷和换向器检查、清洗和更换。

定期对直流电动机进行电刷和换向器检查，用白布蘸取酒精清洗，若表面粗糙，要用细金相砂纸修理、清洗和更换。

（5）超程限位试验。

适时对各坐标轴进行超程限位试验。

（6）定期检查电气部件。

检查各插头、插座、电缆和继电器的触点是否接触良好，检查各印刷电路板是否干净。伺服电源变压器、各电动机的绝缘电阻应在 1 MΩ 以上。

（7）数控柜和电气柜的散热通风系统的维护。

应经常检查数控柜、电气柜的冷却风扇的工作是否正常、风道过滤网是否堵塞。一般情况下不允许开电柜门。

（8）长期不用的数控机床的维护。

数控系统处于长期闲置的情况下，要经常给系统通电，应坚持每周至少通电一次，在机床锁住不动的情况下，让系统空运行。系统通电时可利用电器元件本身发的热来驱散电气柜内的潮气，保证电器元件性能稳定可靠。实践证明，在空气湿度较大的地区，经常通电是降低故障的有效措施。

（9）定期更换存储器用的电池。

数控系统存储参数用的存储器件是 CMOS 器件，其存储内容在数控系统断电期间靠电池支持供电，当电池电压下降至一定值时就会造成参数丢失。因此，要定期检查电池电压，当该电压下降至限定值或电池电压报警时，应及时更换电池。需要注意的是，一般情况下，即使电池尚未消耗完，也应每年更换一次，以确保系统能正常工作，这样还可以防止存储参数丢失。电池更换应在 CNC 系统通电的状态下进行。

（10）经常监视 CNC 装置用的电网电压。

通常，数控系统允许的电网电压范围在额定值的 10% ~15% 之间，如果超出此范围，

轻则会使数控系统不能稳定工作，重则会造成重要电子部件的损坏。因此，要经常注意电网电压的波动。对于电网质量比较恶劣的地区，应及时配备数控系统专用的交流稳压电源装置，这将会使故障率有比较明显的降低。

（11）定期进行机床水平和机械精度检查。

机床校正运行一段时间后，机床水平和机械精度往往会发生变化，因此应定期校正，校正方法有两种，一是通过系统参数补偿，如丝杠螺母反向间隙补偿、螺距误差补偿和参考点校正等；二是通过调整和预紧方法消除间隙，恢复精度。

（12）提高利用率。

数控机床如果较长时间闲置不用，当需要使用时，机床的各运动环节会由于油脂凝固、灰尘甚至生锈而影响其静、动态传动性能，降低机床精度，油路系统的堵塞更是一大烦事。从电气方面来看，由于一台数控机床的整个电气控制系统硬件是由数以万计的电子元器件组成的，它们的性能和寿命具有很大的离散性。从宏观来看其分三个阶段：在一年之内基本上处于所谓的磨合阶段，在该阶段故障率呈下降趋势，如果在这期间不断开动机床则会较快完成磨合任务，而且也可充分利用一年的维修期，由于机床处于一年的保修期之内，若有难以解决的问题出现还可以得到厂家的免费维修与维护；第二阶段为有效寿命阶段，也就是充分发挥效能的阶段，在合理的使用和良好的日常维护保养条件下，机床正常运转的时间至少可在5年以上；第三阶段为系统寿命衰老阶段，期间电气硬件故障会逐渐增多。数控系统的使用寿命平均为8～10年。

因此，在没有加工任务的一段时间内，最好在较低速度下空运行机床，至少也要经常给数控系统通电，甚至每天都应通电。

（13）充足的电器备件。

当电器元件的损坏引起机床故障时，为避免由于购买电器元件的周期过长而影响机床的正常恢复，应为数控机床准备一定数量的备件储存。另外，在某些故障的维修过程中，有时需要采用备件替换法辅助排除故障，因此足够的备件储存还可以缩短设备的停机待修时间。

由于数控机床种类繁多，各类数控机床因其功能、结构及系统不同，各具有不同的特性，其维护、保养的内容和要求也各不相同，具体应根据机床的种类、型号及实际使用情况，并参照机床使用说明书的要求，制定和建立必要的定期、定级保养制度。

数控车床的定期维护内容及保养要点见表11－1。

表11－1　数控车床的定期维护内容及保养要点

序号	周期	检查位置	维护内容
1	每天	X、Z轴导轨	检查两导轨的润滑油量，刮屑器是否有效，清扫导轨上的切屑
2	每天	润滑系统	检查润滑泵运行的情况、油池液位及油路是否畅通
3	每天	冷却系统	检查水泵运行的情况，疏通过滤网，检查水位并及时补充
4	每天	电柜箱通风、散热装置	检查电气柜冷却风扇工作是否正常、风道过滤网是否堵塞，检查电柜内的温度
5	每天	主轴驱动皮带	检查皮带松紧的情况，确保皮带上无油，松紧适当

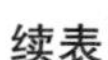

续表

序号	周期	检查位置	维护内容
6	每天	液压系统	检查油泵有无异常噪声、工作油面高度是否合适、压力表指示是否正常、管路及各接头有无泄露、油温是否正常
7	每月	导轨滑板间隙	检查导轨滑板的间隙，调整镶条使间隙合适，检查压板紧固螺钉是否松动
8	每天	各种防护装置	导轨和机床防护罩等应无松动和漏水现象
9	每天	管路系统	检查液压和气压管路等连接处的密封是否完好
10	每天	安全装置	检查“急停”按钮、限位开关及安全罩是否有效
11	每周	电气柜进入过滤网	清洗电气柜进气过滤网
12	每月	直流电动机碳刷	检查碳刷的磨损情况，如严重磨损或长度不到原来的一半，则更换
13	每月	滤油器	检查并清洗滤油器
14	半年	滚珠丝杠螺母副	清洗丝杠上旧的润滑脂，涂上新油脂
15	半年	液压油路	清洗溢流阀、减压阀、过滤器和油箱，更换过滤液压油
16	半年	主传动系统	检查主轴运动精度，必要时调整主轴预紧，检查主轴泄漏的情况
17	半年	滚珠丝杠	检查滚珠丝杠螺母的间隙，必要时进行补偿，检查丝杠润滑及密封装置，确保其完好
18	定期	机床水平及精度检测	调整水平，修刮导轨等运动件，通过修改参数设定进行精度恢复

数控铣床的定期维护内容及保养要点见表11－2。

表11－2　数控铣床的定期维护内容及保养要点

序号	周期	检查位置	维护内容
1	每天	导轨润滑站	检查油标、油量，及时添加润滑油，检查润滑油泵能否间歇定时泵油，确保油路畅通无阻
2	每天	X、Y、Z轴及各回转轴的导轨	清除切屑及脏物，检查导轨油量是否充分、刮屑器是否有效、导轨面有无划伤损坏
3	每天	压缩空气气源	检查气动控制系统的压力，使其在正常范围内
4	每天	气源自动分水滤气器、空气干燥器	及时清理分水器中滤出的水分，保证自动空气干燥器工作正常

续表

序号	周期	检查位置	维护内容
5	每天	机床液压系统	（1）液压箱清洁，油量充足； （2）调整压力表； （3）清洗油泵、滤油网，确保液压泵无异常噪声，检查系统压力及压力表的指示是否正常、管路及各接头无泄漏、油面高度是否正常
6	每天	主轴箱液压平衡系统	检查平衡压力指示是否正常、快速移动时平衡工作是否正常
7	每天	电气柜通风散热装置	检查电气柜冷却风扇的工作是否正常、风道过滤网有无堵塞
8	每天	各种安全防护装置	导轨、机床防护罩等应无松动、漏水；检查“急停”按钮、限位开关及返参是否正常
9	每天	主轴夹紧装置	检查主轴内锥压缩空气的吹屑效果，确保清洁；检查主轴准停装置，确保准停角度一致
10	每天	液压、气压、电压	检查液压、气压和电压是否正常
11	每周	电气柜进入过滤网	清洗电气柜进气过滤网
12	半年	滚珠丝杠螺母副	清洗丝杠上旧的润滑脂，涂上新油脂
13	半年	液压油路	清洗溢流阀、减压阀、过滤器和油箱，更换过滤液压油
14	半年	主轴润滑恒温油箱	清洗过滤器，更换润滑油
15	每年	检查、更换直流伺服电动机电刷	检查换向器表面、吹净碳粉，去除毛刺，更换长度过短的电刷，跑合后才能使用
16	每年	润滑油泵、过滤器	清理润滑油池，更换过滤器
17	不定期	导轨上镶条与压板、丝杠	调整镶条、丝杠螺母的间隙
18	不定期	冷却水箱	检查液面高度，切削液太脏时需要更换，清理水箱，经常清洗过滤器
19	不定期	清理油池	及时清洗油池
20	不定期	调整主轴驱动带的松紧	按机床说明书调整
21	不定期	电气系统	（1）擦拭电动机，箱外无灰尘、油垢； （2）各接触点良好，各插接件不松动、不漏电； （3）箱内整洁、无杂物
22	定期	机床水平及精度检测	调整水平，修刮导轨等运动件，通过修改参数设定进行精度恢复

加工中心定期维护的内容及保养要点见表11－3。

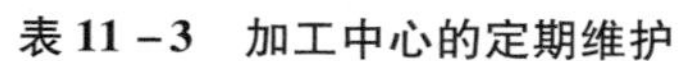

表11－3 加工中心的定期维护

序号	周期	检查位置	维护内容
1	每天	导轨润滑站	检查油标、油量，及时添加润滑油，检查润滑油泵能否间歇定时泵油，确保油路畅通无阻
2	每天	X、Y、Z 轴及各回转轴的导轨	清除切屑及脏物，检查导轨的油量是否充足、刮屑器是否有效、导轨面有无划伤损坏
3	每天	压缩空气气源	检查气动控制系统的压力，使其在正常范围内
4	每天	机床进气口的空气干燥器	及时清理分水器中滤出的水分，保证自动空气干燥器工作正常
5	每天	主轴润滑恒温箱	检查油温、油量是否正常，确保润滑工作正常，必要时进行调节
6	每天	机床液压系统	（1）液压箱清洁，油量充足； （2）调整压力表； （3）清洗油泵、滤油网，确保液压泵无异常噪声，检查系统压力及压力表的指示是否正常、管路及各接头无泄漏、油面高度是否正常
7	每天	主轴箱液压平衡系统	检查平衡压力的指示是否正常、快速移动时平衡工作是否正常
8	每天	电气柜通风散热装置	检查电气柜冷却风扇的工作是否正常、风道过滤网有无堵塞
9	每天	各种安全防护装置	导轨、机床防护罩等应无松动、漏水；检查“急停”按钮、限位开关及返参是否正常
10	每天	主轴夹紧装置	检查主轴内锥压缩空气的吹屑效果，确保清洁，检查主轴准停装置，确保准停角度一致
11	每天	液压、气压、电压	检查液压、气压和电压是否正常
12	每周	电气柜进入过滤网	清洗电气柜进气过滤网
13	半年	滚珠丝杠螺母副	清洗丝杠上旧的润滑脂，涂上新油脂
14	半年	液压油路	清洗溢流阀、减压阀、过滤器和油箱，更换过滤液压油
15	半年	主轴润滑恒温油箱	清洗过滤器，更换润滑油
16	每年	检查、更换直流伺服电动机电刷	检查换向器表面、吹净碳粉，去除毛刺，更换长度过短的电刷，跑合后才能使用
17	每年	润滑油泵、过滤器	清理润滑油池，更换过滤器
18	不定期	导轨上的镶条与压板、丝杠	调整镶条、丝杠螺母间隙
19	不定期	冷却水箱	检查液面高度，切削液太脏时需要更换，清理水箱，经常清洗过滤器

续表

序号	周期	检查位置	维护内容
20	不定期	清理油池	及时清洗油池
21	不定期	排屑器	经常清理切屑，检查有无卡住
22	不定期	调整主轴驱动带的松紧	按机床说明书调整
23	不定期	换刀装置	检查换刀装置动作的正确性和可靠性，调整抱刀夹紧力及间隙
24	不定期	各行程开关、接近开关	清理接近开关的污垢、检查其牢固性
25	定期	机床水平及精度检测	调整水平，修刮导轨等运动件，通过修改参数设定进行精度恢复

【任务实施】

实训项目　数控机床的保养与维护操作

1. 实训内容

（1）阅读所使用机床的使用说明书，掌握机床的操作规程与维护保养的内容与操作方法。

（2）选用正确的工具，对所使用机床的各部位进行维护和保养，填写维护日志并检查机床各功能。

2. 实训设备

数控实训中心内的各类数控机床，各种维护保养用工具用品。

3. 实训步骤

（1）阅读所使用机床的使用说明书，掌握机床的操作、维护规程。

（2）检查各型数控机床日常养护的部位，学习保养维护操作的具体内容与方法。

（3）熟悉各种机床维护所使用的工具用品。

（4）选用正确的工具，对所用机床的各部位进行维护和保养。

① 按表 11－4 所列内容对机床的主传动链进行维护。

表 11－4　主传动链的维护方法与步骤

序号	维护保养内容
1	调整主轴驱动带的松紧程度，防止因带打滑造成的丢转现象
2	检查主轴润滑的恒温油箱，调节温度范围，及时补充油量并清洗过滤器
3	调整液压缸（气压缸）活塞的位移量，以消除主轴中刀具夹紧装置的间隙，夹紧刀具
4	填写维护日志

② 按表 11－5 所列内容对机床滚珠丝杠螺母副进行维护。

表 11－5　滚珠丝杠螺母副的维护方法与步骤

序号	维护保养内容
1	检查、调整丝杠螺母副的轴向间隙，保证反向传动精度和轴向刚度
2	检查丝杠与床身的连接是否有松动
3	丝杠防护装置有损坏时，对防护装置进行更换
4	填写维护日志

③ 按表 11－6 所列内容对加工中心的刀库进行维护。

表 11－6　刀库及换刀机械手的维护方法与步骤

序号	维护保养内容
1	检查刀库的回零位置是否正确，检查机床主轴回换刀点的位置是否到位并进行调整
2	开机时，应使刀库和机械手空运行，检查各部分的工作是否正常
3	检查刀具在机械手上的锁紧是否可靠并对其进行调整
4	填写维护日志并检查机床各功能

4. 考核与评价

对实训项目中的操作进行考核评分，填入表 11－7。

表 11－7　评分记录表

考核项目	考核内容	要　求	分值	成绩
实际操作	维护操作	机床维护保养操作的部位正确，操作规范	30	
	工具使用	能正确选用维护用工具、用品	20	
	功能测试	机床各功能能够正常实现	20	

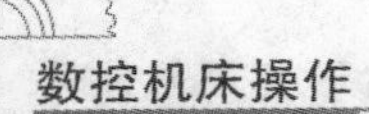

续表

考核项目	考核内容	要 求	分值	成绩
文明生产	安全操作	符合安全操作规程	10	
	工具整理与机床清洁	工具使用与摆放符合 6S 标准，及时清理维护设备	10	
	团队合作	具备小组间的沟通、协作能力	10	
合计			100	

附　录

附录 A　数控车工国家职业鉴定标准

1. 职业概况

1.1　职业名称

数控车工。

1.2　职业定义

从事编制数控加工程序并操作数控车床进行零件车削加工的人员。

1.3　职业等级

本职业共设四个等级，分别为：中级（国家职业资格四级）、高级（国家职业资格三级）、技师（国家职业资格二级）、高级技师（国家职业资格一级）。

1.4　职业环境

室内、常温。

1.5　职业能力特征

具有较强的计算能力和空间感，形体知觉及色觉正常，手指、手臂灵活，动作协调。

1.6　基本文化程度

高中毕业（或同等学力）。

1.7　培训要求

1.7.1　培训期限

对于全日制职业学校教育，根据其培养目标和教学计划确定。晋级培训期限为：中级不少于 400 标准学时；高级不少于 300 标准学时；技师不少于 200 标准学时；高级技师不少于 200 标准学时。

1.7.2　培训教师

培训中、高级人员的教师应取得本职业技师及以上职业资格证书或相关专业中级及以上专业技术职称任职资格；培训技师的教师应取得本职业高级技师职业资格证书或相关专业高级专业技术职称任职资格；培训高级技师的教师应取得本职业高级技师职业资格证书 2 年以上或取得相关专业高级专业技术职称任职资格2年以上。

1.7.3　培训场地设备

满足教学要求的标准教室，计算机机房，配套的软件、数控车床及必要的刀具、夹具、量具和辅助设备等。

1.8　鉴定要求

1.8.1　适用对象

从事或准备从事本职业的人员。

1.8.2　申报条件

1. 中级（具备以下条件之一者）：

（1）经本职业中级正规培训达规定标准学时数，并取得结业证书。

（2）连续从事本职业工作5年以上。

（3）取得经劳动保障行政部门审核认定的，以中级技能为培养目标的中等以上职业学校本职业（或相关专业）毕业证书。

（4）取得相关职业中级《职业资格证书》后，连续从事本职业2年以上。

2. 高级（具备以下条件之一者）：

（1）取得本职业中级职业资格证书后，连续从事本职业工作2年以上，经本职业高级正规培训，达到规定标准学时数，并取得结业证书。

（2）取得本职业中级职业资格证书后，连续从事本职业工作4年以上。

（3）取得劳动保障行政部门审核认定的，以高级技能为培养目标的职业学校本职业（或相关专业）毕业证书。

（4）大专以上本专业或相关专业毕业生，经本职业高级正规培训，达到规定标准学时数，并取得结业证书。

3. 技师（具备以下条件之一者）：

（1）取得本职业高级职业资格证书后，连续从事本职业工作4年以上，经本职业技师正规培训达规定标准学时数，并取得结业证书。

（2）取得本职业高级职业资格证书的职业学校本职业（专业）毕业生，连续从事本职业工作2年以上，经本职业技师正规培训达规定标准学时数，并取得结业证书。

（3）取得本职业高级职业资格证书的本科（含本科）以上本专业或相关专业的毕业生，连续从事本职业工作2年以上，经本职业技师正规培训达规定标准学时数，并取得结业证书。

4. 高级技师：

取得本职业技师职业资格证书后，连续从事本职业工作4年以上，经本职业高级技师正规培训达规定标准学时数，并取得结业证书。

1.8.3　鉴定方式

其分为理论知识考试和技能操作考核。理论知识考试采用闭卷方式，技能操作（含软件应用）考核采用现场实际操作和计算机软件操作方式。理论知识考试和技能操作（含软件应用）考核均实行百分制，成绩皆达60分及以上者为合格。技师和高级技师还需进行综合评审。

1.8.4 考评人员与考生的配比

理论知识考试考评人员与考生的配比为1∶15，每个标准教室有不少于2名相应级别的考评员；技能操作（含软件应用）考核考评员与考生的配比为1∶2，且相应级别的考评员不少于3名；综合评审委员不少于5人。

1.8.5 鉴定时间

理论知识考试时间为120分钟，技能操作考核中的实操时间为：中级、高级不少于240分钟，技师和高级技师不少于300分钟，技能操作考核中软件应用考试的时间不超过120分钟，技师和高级技师的综合评审时间不少于45分钟。

1.8.6 鉴定场所设备

理论知识考试在标准教室里进行，软件应用考试在计算机机房进行，技能操作考核在配备必要的数控车床及必要的刀具、夹具、量具和辅助设备的场所进行。

2. 基本要求

2.1 职业道德

2.1.1 职业道德基本知识

2.1.2 职业守则

（1）遵守国家法律、法规和有关规定；

（2）具有高度的责任心、爱岗敬业、团结合作；

（3）严格执行相关标准、工作程序与规范、工艺文件和安全操作规程；

（4）学习新知识新技能、勇于开拓和创新；

（5）爱护设备、系统及工具、夹具、量具；

（6）着装整洁，符合规定，保持工作环境清洁有序，文明生产。

2.2 基础知识

2.2.1 基础理论知识

（1）机械制图；

（2）工程材料及金属热处理知识；

（3）机电控制知识；

（4）计算机基础知识；

（5）专业英语基础。

2.2.2 机械加工基础知识

（1）机械原理；

（2）常用设备知识（分类、用途、基本结构及维护保养方法）；

（3）常用金属切削刀具知识；

（4）典型零件加工工艺；

（5）设备润滑和冷却液的使用方法；

（6）工具、夹具、量具的使用与维护知识；

（7）普通车床、钳工的基本操作知识。

2.2.3　安全文明生产与环境保护知识

(1) 安全操作与劳动保护知识；

(2) 文明生产知识；

(3) 环境保护知识。

2.2.4　质量管理知识

(1) 企业的质量方针；

(2) 岗位质量要求；

(3) 岗位质量保证措施与责任。

2.2.5　相关法律、法规知识

(1) 劳动法的相关知识；

(2) 环境保护法的相关知识；

(3) 知识产权保护法的相关知识。

3. 工作要求

本标准对中级、高级、技师和高级技师的技能要求依次递进，高级别涵盖低级别的要求。

3.1　中级（表 A－1）

表 A－1　中级技能要求

职业技能	工作内容	技能要求	相关知识
一、加工准备	（一）读图与绘图	1. 能读懂中等复杂程度（如曲轴）的零件图； 2. 能绘制简单的轴、盘类零件图； 3. 能读懂进给机构、主轴系统的装配图	1. 复杂零件的表达方法； 2. 简单零件图的画法； 3. 零件三视图、局部视图和剖视图的画法； 4. 装配图的画法
	（二）制定加工工艺	1. 能读懂复杂零件的数控车床加工工艺文件； 2. 能编制简单（轴、盘）零件的数控加工工艺文件	数控车床加工工艺文件的制定
	（三）零件定位与装夹	能使用通用卡具（如三爪卡盘、四爪卡盘）进行零件装夹与定位	1. 数控车床常用夹具的使用方法； 2. 零件定位、装夹的原理和方法
	（四）刀具准备	1. 能够根据数控加工工艺文件选择、安装和调整数控车床常用刀具； 2. 能够刃磨常用车削刀具	1. 金属切削与刀具磨损知识； 2. 数控车床常用刀具的种类、结构和特点； 3. 数控车床、零件材料、加工精度和工作效率对刀具的要求

续表

职业技能	工作内容	技能要求	相关知识
二、数控编程	(一) 手工编程	1. 能编制由直线、圆弧组成的二维轮廓数控加工程序; 2. 能编制螺纹加工程序; 3. 能够运用固定循环、子程序进行零件加工程序的编制	1. 数控编程知识; 2. 直线插补和圆弧插补的原理; 3. 坐标点的计算方法
	(二) 计算机辅助编程	1. 能够使用计算机绘图设计软件绘制简单(轴、盘、套)零件图; 2. 能够利用计算机绘图软件计算节点	计算机绘图软件(二维)的使用方法
三、数控车床操作	(一) 操作面板	1. 能够按照操作规程启动及停止机床; 2. 能使用操作面板上的常用功能键(如回零、手动、MDI、修调等)	1. 熟悉数控车床操作说明书; 2. 数控车床操作面板的使用方法
	(二) 程序输入与编辑	1. 能够通过各种途径(如 DNC、网络等)输入加工程序; 2. 能够通过操作面板编辑加工程序	1. 数控加工程序的输入方法; 2. 数控加工程序的编辑方法; 3. 网络知识
	(三) 对刀	1. 能进行对刀并确定相关坐标系; 2. 能设置刀具参数	1. 对刀的方法; 2. 坐标系的知识; 3. 刀具偏置补偿、半径补偿与刀具参数的输入方法
	(四) 程序调试与运行	能够对程序进行校验、单步执行、空运行并完成零件试切	程序调试的方法
四、零件加工	(一) 轮廓加工	1. 能进行轴、套类零件加工,并达到以下要求: (1) 尺寸公差等级:IT6; (2) 形位公差等级:IT8; (3) 表面粗糙度:*Ra*1.6 μm 2. 能进行盘类、支架类零件加工,并达到以下要求: (1) 轴径公差等级:IT6; (2) 孔径公差等级:IT7; (3) 形位公差等级:IT8; (4) 表面粗糙度:*Ra*1.6 μm	1. 内外径的车削加工方法、测量方法; 2. 形位公差的测量方法; 3. 表面粗糙度的测量方法
	(二) 螺纹加工	能进行单线等节距的普通三角螺纹、锥螺纹的加工,并达到以下要求: (1) 尺寸公差等级:IT6 ~ IT7 级; (2) 形位公差等级:IT8; (3) 表面粗糙度:*Ra*1.6 μm	1. 常用螺纹的车削加工方法; 2. 螺纹加工中的参数计算

续表

职业技能	工作内容	技能要求	相关知识
四、零件加工	(三) 槽类加工	能进行内径槽、外径槽和端面槽的加工，并达到以下要求： (1) 尺寸公差等级：IT8； (2) 形位公差等级：IT8； (3) 表面粗糙度：$Ra3.2\ \mu m$	内、外径槽和端槽的加工方法
	(四) 孔加工	能进行孔加工，并达到以下要求： (1) 尺寸公差等级：IT7； (2) 形位公差等级：IT8； (3) 表面粗糙度：$Ra3.2\ \mu m$	孔的加工方法
	(五) 零件精度检验	能够进行零件的长度、内外径、螺纹、角度精度检验	1. 通用量具的使用方法； 2. 零件精度检验及测量方法
五、数控车床维护与精度检验	(一) 数控车床的日常维护	能够根据说明书完成数控车床的定期及不定期维护保养，包括机械、电、气、液压、数控系统检查和日常保养等	1. 数控车床说明书； 2. 数控车床日常保养方法； 3. 数控车床操作规程； 4. 数控系统（进口与国产数控系统）使用说明书
	(二) 数控车床的故障诊断	1. 能读懂数控系统的报警信息； 2. 能发现数控车床的一般故障	1. 数控系统的报警信息； 2. 机床的故障诊断方法
	(三) 机床精度检查	能够检查数控车床的常规几何精度	数控车床常规几何精度的检查方法

3.2 高级（表 A-2）

表 A-2 高级技能要求

职业技能	工作内容	技能要求	相关知识
一、加工准备	(一) 读图与绘图	1. 能够读懂中等复杂程度（如刀架）的装配图； 2. 能够根据装配图拆画零件图； 3. 能够测绘零件	1. 根据装配图拆画零件图的方法； 2. 零件的测绘方法
	(二) 制定加工工艺	能编制复杂零件的数控车床加工工艺文件	复杂零件数控加工工艺文件的制定

续表

职业技能	工作内容	技能要求	相关知识
一、加工准备	（三）零件定位与装夹	1. 能选择和使用数控车床组合夹具和专用夹具； 2. 能分析并计算车床夹具的定位误差； 3. 能够设计与自制装夹辅具（如心轴、轴套、定位件等）	1. 数控车床组合夹具和专用夹具的使用、调整方法； 2. 专用夹具的使用方法； 3. 夹具定位误差的分析与计算方法
	（四）刀具准备	1. 能够选择各种刀具及刀具附件； 2. 能够根据难加工材料的特点，选择刀具的材料、结构和几何参数； 3. 能够刃磨特殊车削刀具	1. 专用刀具的种类、用途、特点和刃磨方法； 2. 切削难加工材料时的刀具材料和几何参数的确定方法
二、数控编程	（一）手工编程	能运用变量编程编制含有公式曲线的零件数控加工程序	1. 固定循环和子程序的编程方法； 2. 变量编程的规则和方法
	（二）计算机辅助编程	能用计算机绘图软件绘制装配图	计算机绘图软件的使用方法
	（三）数控加工仿真	能利用数控加工仿真软件实施加工过程仿真以及加工代码检查、干涉检查、工时估算	数控加工仿真软件的使用方法
三、零件加工	（一）轮廓加工	能进行细长、薄壁零件的加工，并达到以下要求： （1）轴径公差等级：IT6； （2）孔径公差等级：IT7； （3）形位公差等级：IT8； （4）表面粗糙度：*Ra*1.6 μm	细长、薄壁零件加工的特点及装卡、车削方法
	（二）螺纹加工	1. 能进行单线和多线等节距的T型螺纹、锥螺纹的加工，并达到以下要求： （1）尺寸公差等级：IT6； （2）形位公差等级：IT8； （3）表面粗糙度：*Ra*1.6 μm 2. 能进行变节距螺纹的加工，并达到以下要求： （1）尺寸公差等级：IT6； （2）形位公差等级：IT7； （3）表面粗糙度：*Ra*1.6 μm	1. T型螺纹、锥螺纹加工中的参数计算； 2. 变节距螺纹的车削加工方法
	（三）孔加工	能进行深孔加工，并达到以下要求： （1）尺寸公差等级：IT6； （2）形位公差等级：IT8； （3）表面粗糙度：*Ra*1.6 μm	深孔的加工方法

续表

职业技能	工作内容	技能要求	相关知识
三、零件加工	(四)配合件加工	能按装配图上的技术要求对套件进行零件加工和组装，配合公差达到IT7级	套件的加工方法
	(五)零件精度检验	1. 能够在加工过程中使用百（千）分表等进行在线测量，并进行加工技术参数的调整； 2. 能够进行多线螺纹的检验； 3. 能进行加工误差分析	1. 百（千）分表的使用方法； 2. 多线螺纹的精度检验方法； 3. 误差分析的方法
四、数控车床维护与精度检验	(一)数控车床的日常维护	1. 能判断数控车床的一般机械故障； 2. 能完成数控车床的定期维护保养	1. 数控车床机械故障和排除方法； 2. 数控车床液压原理和常用液压元件
	(二)机床的精度检验	1. 能够进行机床几何精度检验； 2. 能够进行机床切削精度检验	1. 机床几何精度检验内容及方法； 2. 机床切削精度检验内容及方法

3.3 技师（表A－3）

表A－3 技师技能要求

职业技能	工作内容	技能要求	相关知识
一、加工准备	(一)读图与绘图	1. 能绘制工装装配图； 2. 能读懂常用数控车床的机械结构图及装配图	1. 工装装配图的画法； 2. 常用数控车床的机械原理图及装配图的画法
	(二)制定加工工艺	1. 能编制高难度、高精密、特殊材料零件的数控加工多工种工艺文件； 2. 能对零件的数控加工工艺进行合理性分析，并提出改进建议； 3. 能推广应用新知识、新技术、新工艺、新材料	1. 零件的多工种工艺分析方法； 2. 数控加工工艺方案合理性的分析方法及改进措施； 3. 特殊材料的加工方法； 4. 新知识、新技术、新工艺、新材料
	(三)零件定位与装夹	能设计与制作零件的专用夹具	专用夹具的设计与制造方法
	(四)刀具准备	1. 能够依据切削条件和刀具条件估算刀具的使用寿命； 2. 根据刀具寿命计算并设置相关参数； 3. 能推广应用新刀具	1. 切削刀具的选用原则； 2. 延长刀具寿命的方法； 3. 刀具的新材料、新技术； 4. 刀具使用寿命的参数设定方法

续表

职业技能	工作内容	技能要求	相关知识
二、数控编程	（一）手工编程	能够编制车削中心、车铣中心的三轴及三轴以上（含旋转轴）的加工程序	编制车削中心、车铣中心加工程序的方法
	（二）计算机辅助编程	1. 能用计算机辅助设计/制造软件进行车削零件的造型和生成加工轨迹； 2. 能够根据不同的数控系统进行后置处理并生成加工代码	1. 三维造型和编辑； 2. 计算机辅助设计/制造软件（三维）的使用方法
	（三）数控加工仿真	能够利用数控加工仿真软件分析和优化数控加工工艺	数控加工仿真软件的使用方法
三、零件加工	（一）轮廓加工	1. 能编制数控加工程序车削多拐曲轴并达到以下要求： （1）直径公差等级：IT6； （2）表面粗糙度：$Ra1.6\ \mu m$ 2. 能编制数控加工程序对适合在车削中心加工的带有车削、铣削等工序的复杂零件进行加工	1. 多拐曲轴车削加工的基本知识； 2. 车削加工中心加工复杂零件的车削方法
	（二）配合件加工	能进行两件（含两件）以上具有多处尺寸链配合的零件加工与配合	多尺寸链配合的零件加工方法
	（三）零件精度检验	能根据测量结果对加工误差进行分析并提出改进措施	1. 精密零件的精度检验方法； 2. 检具设计知识
四、数控车床维护与精度检验	（一）数控车床维护	1. 能够分析和排除液压和机械故障； 2. 能借助字典阅读数控设备的主要外文信息	1. 数控车床常见故障诊断及排除方法； 2. 数控车床专业外文知识
	（二）机床精度检验	能够进行机床定位精度、重复定位精度的检验	机床定位精度检验、重复定位精度检验的内容及方法
五、培训与管理	（一）操作指导	能指导本职业中级、高级人员进行实际操作	操作指导书的编制方法
	（二）理论培训	1. 能对本职业中级、高级和技师人员进行理论培训； 2. 能系统地讲授各种切削刀具的特点和使用方法	1. 培训教材的编写方法； 2. 切削刀具的特点和使用方法
	（三）质量管理	能在本职工作中认真贯彻各项质量标准	相关质量标准
	（四）生产管理	能协助部门领导进行生产计划、调度及人员的管理	生产管理基本知识
	（五）技术改造与创新	能够对加工工艺、夹具、刀具进行改进	数控加工工艺综合知识

3.4 高级技师（表 A－4）

表 A－4 高级技师技能要求

职业技能	工作内容	技能要求	相关知识
一、工艺分析与设计	（一）读图与绘图	1. 能绘制复杂的工装装配图； 2. 能读懂常用数控车床的电气、液压原理图	1. 复杂工装设计方法； 2. 常用数控车床电气、液压原理图的画法
	（二）制定加工工艺	1. 能对高难度、高精密零件的数控加工工艺方案进行优化并实施； 2. 能编制多轴车削中心的数控加工工艺文件； 3. 能够对零件加工工艺提出改进建议	1. 复杂、精密零件加工工艺的系统知识； 2. 车削中心、车铣中心加工工艺文件的编制方法
	（三）零件定位与装夹	能对现有的数控车床夹具进行误差分析并提出改进建议	误差分析方法
	（四）刀具准备	能根据零件要求设计刀具，并提出制造方法	刀具的设计与制造知识
二、零件加工	（一）异形零件加工	能解决高难度（如十字座类、连杆类、叉架类等异形零件）零件车削加工的技术问题并制定工艺措施	高难度零件的加工方法
	（二）零件精度检验	能够制定高难度零件加工过程中的精度检验方案	在机械加工的全过程中影响质量的因素及提高质量的措施
三、数控车床维护与精度检验	（一）数控车床维护	1. 能借助字典看懂数控设备的主要外文技术资料； 2. 能够针对机床运行现状合理调整数控系统的相关参数； 3. 能根据数控系统的报警信息判断数控车床的故障	1. 数控车床专业外文知识； 2. 数控系统报警信息
	（二）机床精度检验	能够进行机床定位精度、重复定位精度的检验	机床定位精度和重复定位精度的检验方法
	（三）数控设备网络化	能够借助网络设备和软件系统实现数控设备的网络化管理	数控设备的网络接口及相关技术
四、培训与管理	（一）操作指导	能指导本职业中级、高级和技师人员进行实际操作	操作理论教学指导书的编写方法
	（二）理论培训	能对本职业中级、高级和技师人员进行理论培训	教学计划与大纲的编制方法
	（三）质量管理	能应用全面的质量管理知识，实现操作过程的质量分析与控制	质量分析与控制方法
	（四）技术改造与创新	能够组织实施技术改造和创新，并撰写相应的论文。	科技论文的撰写方法

4. 比重表

4.1　理论知识（表 A－5）

表 A－5　理论知识

项　目		中级/%	高级/%	技师/%	高级技师/%
基本要求	职业道德	5	5	5	5
	基础知识	20	20	15	15
相关知识	加工准备	15	15	30	—
	数控编程	20	20	10	—
	数控车床操作	5	5	—	—
	零件加工	30	30	20	15
	数控车床维护与精度检验	5	5	10	10
	培训与管理	—	—	10	15
	工艺分析与设计	—	—	—	40
合　计		100	100	100	100

4.2　技能操作（表 A－6）

表 A－6　技能操作

项　目		中级/%	高级/%	技师/%	高级技师/%
技能要求	加工准备	10	10	20	—
	数控编程	20	20	30	—
	数控车床操作	5	5	—	—
	零件加工	60	60	40	45
	数控车床维护与精度检验	5	5	5	10
	培训与管理	—	—	5	10
	工艺分析与设计	—	—	—	35
合　计		100	100	100	100

附录B　数控铣工国家职业鉴定标准

1. 职业概况

1.1　职业名称

数控铣工。

1.2　职业定义

从事编制数控加工程序并操作数控铣床进行零件铣削加工的人员。

1.3　职业等级

本职业共设四个等级，分别为：中级（国家职业资格四级）、高级（国家职业资格三级）、技师（国家职业资格二级）、高级技师（国家职业资格一级）。

1.4　职业环境

室内、常温。

1.5　职业能力特征

具有较强的计算能力和空间感，形体知觉及色觉正常，手指、手臂灵活，动作协调。

1.6　基本文化程度

高中毕业（或同等学力）。

1.7　培训要求

1.7.1　培训期限

对于全日制职业学校教育，根据其培养目标和教学计划确定。晋级培训期限为：中级不少于400标准学时；高级不少于300标准学时；技师不少于300标准学时；高级技师不少于300标准学时。

1.7.2　培训教师

培训中、高级人员的教师应取得本职业技师及以上职业资格证书或相关专业中级及以上专业技术职称任职资格；培训技师的教师应取得本职业高级技师职业资格证书或相关专业高级专业技术职称任职资格；培训高级技师的教师应取得本职业高级技师职业资格证书2年以上或取得相关专业高级专业技术职称任职资格2年以上。

1.7.3　培训场地设备

满足教学要求的标准教室，计算机机房，配套的软件、数控铣床及必要的刀具、夹具、量具和辅助设备等。

1.8　鉴定要求

1.8.1　适用对象

从事或准备从事本职业的人员。

1.8.2 申报条件

1. 中级（具备以下条件之一者）：

（1）经本职业中级正规培训达规定标准学时数，并取得结业证书。

（2）连续从事本职业工作5年以上。

（3）取得经劳动保障行政部门审核认定的，以中级技能为培养目标的中等以上职业学校本职业（或相关专业）毕业证书。

（4）取得相关职业中级《职业资格证书》后，连续从事本职业2年以上。

2. 高级（具备以下条件之一者）：

（1）取得本职业中级职业资格证书后，连续从事本职业工作2年以上，经本职业高级正规培训，达到规定标准学时数，并取得结业证书。

（2）取得本职业中级职业资格证书后，连续从事本职业工作4年以上。

（3）取得劳动保障行政部门审核认定的，以高级技能为培养目标的职业学校本职业（或相关专业）毕业证书。

（4）大专以上本专业或相关专业毕业生，经本职业高级正规培训，达到规定标准学时数，并取得结业证书。

3. 技师（具备以下条件之一者）：

（1）取得本职业高级职业资格证书后，连续从事本职业工作4年以上，经本职业技师正规培训达规定标准学时数，并取得结业证书。

（2）取得本职业高级职业资格证书的职业学校本职业（专业）毕业生，连续从事本职业工作2年以上，经本职业技师正规培训达规定标准学时数，并取得结业证书。

（3）取得本职业高级职业资格证书的本科（含本科）以上本专业或相关专业的毕业生，连续从事本职业工作2年以上，经本职业技师正规培训达规定标准学时数，并取得结业证书。

4. 高级技师：

取得本职业技师职业资格证书后，连续从事本职业工作4年以上，经本职业高级技师正规培训达规定标准学时数，并取得结业证书。

1.8.3 鉴定方式

其分为理论知识考试和技能操作考核。理论知识考试采用闭卷方式，技能操作（含软件应用）考核采用现场实际操作和计算机软件操作方式。理论知识考试和技能操作（含软件应用）考核均实行百分制，成绩皆达60分及以上者为合格。技师和高级技师还需进行综合评审。

1.8.4 考评人员与考生的配比

理论知识考试考评人员与考生的配比为1∶15，每个标准教室有不少于2名相应级别的考评员；技能操作（含软件应用）考核考评员与考生的配比为1∶2，且相应级别的考评员不少于3名；综合评审委员不少于5人。

1.8.5 鉴定时间

理论知识考试的时间为120分钟，技能操作考核中实操时间为：中级、高级不少于240分钟，技师和高级技师不少于300分钟，技能操作考核中软件应用的考试时间为不超过120分钟，技师和高级技师的综合评审时间不少于45分钟。

1.8.6 鉴定场所设备

理论知识考试在标准教室里进行，软件应用考试在计算机机房进行，技能操作考核在配备必要的数控铣床及必要的刀具、夹具、量具和辅助设备的场所进行。

2. 基本要求

2.1 职业道德

2.1.1 职业道德基本知识

2.1.2 职业守则

（1）遵守国家法律、法规和有关规定；

（2）具有高度的责任心、爱岗敬业、团结合作；

（3）严格执行相关标准、工作程序与规范、工艺文件和安全操作规程；

（4）学习新知识新技能、勇于开拓和创新；

（5）爱护设备、系统及工具、夹具、量具；

（6）着装整洁，符合规定，保持工作环境清洁有序，文明生产。

2.2 基础知识

2.2.1 基础理论知识

（1）机械制图；

（2）工程材料及金属热处理知识；

（3）机电控制知识；

（4）计算机基础知识；

（5）专业英语基础。

2.2.2 机械加工基础知识

（1）机械原理；

（2）常用设备知识（分类、用途、基本结构及维护保养方法）；

（3）常用金属切削刀具知识；

（4）典型零件加工工艺；

（5）设备润滑和冷却液的使用方法；

（6）工具、夹具、量具的使用与维护知识；

（7）铣工、镗工的基本操作知识。

2.2.3 安全文明生产与环境保护知识

（1）安全操作与劳动保护知识；

（2）文明生产知识；

（3）环境保护知识。

2.2.4 质量管理知识

（1）企业的质量方针；

（2）岗位质量要求；

（3）岗位质量保证措施与责任。

2.2.5 相关法律、法规知识

(1) 劳动法的相关知识;

(2) 环境保护法的相关知识;

(3) 知识产权保护法的相关知识。

3. 工作要求

本标准对中级、高级、技师和高级技师的技能要求依次递进，高级别涵盖低级别的要求。

3.1 中级（表B-1）

表B-1 中级技能要求

职业技能	工作内容	技能要求	相关知识
一、加工准备	(一) 读图与绘图	1. 能读懂中等复杂程度（如凸轮、壳体、板状、支架）的零件图; 2. 能绘制有沟槽、台阶、斜面、曲面的简单零件图; 3. 能读懂分度头尾架、弹簧夹头套筒、可转位铣刀结构等简单的机构装配图	1. 复杂零件的表达方法; 2. 简单零件图的画法; 3. 零件三视图、局部视图和剖视图的画法
	(二) 制定加工工艺	1. 能读懂复杂零件的铣削加工工艺文件; 2. 能编制由直线、圆弧等构成的二维轮廓零件的铣削加工工艺文件	1. 数控加工工艺知识; 2. 数控加工工艺文件的制定方法
	(三) 零件定位与装夹	1. 能使用铣削加工常用夹具（如压板、虎钳、平口钳等）装夹零件; 2. 能够选择定位基准，并找正零件	1. 常用夹具的使用方法; 2. 定位与夹紧的原理和方法; 3. 零件找正的方法
	(四) 刀具准备	1. 能够根据数控加工工艺文件选择、安装和调整数控铣床常用刀具; 2. 能根据数控铣床的特性、零件材料、加工精度、工作效率等选择刀具和刀具几何参数，并确定数控加工需要的切削参数和切削用量; 3. 能够利用数控铣床的功能，借助通用量具或对刀仪测量刀具的半径及长度; 4. 能选择、安装和使用刀柄; 5. 能够刃磨常用刀具	1. 金属切削与刀具磨损知识; 2. 数控铣床常用刀具的种类、结构、材料和特点; 3. 数控铣床、零件材料、加工精度和工作效率对刀具的要求; 4. 刀具长度补偿、半径补偿等刀具参数的设置知识; 5. 刀柄的分类和使用方法; 6. 刀具刃磨的方法

续表

职业技能	工作内容	技能要求	相关知识
二、数控编程	（一）手工编程	1. 能编制由直线、圆弧组成的二维轮廓数控加工程序； 2. 能够运用固定循环、子程序进行零件的加工程序的编制	1. 数控编程知识； 2. 直线插补和圆弧插补的原理； 3. 节点的计算方法
	（二）计算机辅助编程	1. 能够使用CAD/CAM软件绘制简单的零件图； 2. 能够利用CAD/CAM软件完成简单平面轮廓的铣削程序	1. CAD/CAM软件的使用方法； 2. 平面轮廓的绘图与加工代码生成方法
三、数控铣床操作	（一）操作面板	1. 能够按照操作规程启动及停止机床； 2. 能使用操作面板上的常用功能键（如回零、手动、MDI、修调等）	1. 数控铣床操作说明书； 2. 数控铣床操作面板的使用方法
	（二）程序的输入与编辑	1. 能够通过各种途径（如DNC、网络）输入加工程序； 2. 能够通过操作面板输入和编辑加工程序	1. 数控加工程序的输入方法； 2. 数控加工程序的编辑方法
	（三）对刀	1. 能进行对刀并确定相关坐标系； 2. 能设置刀具参数	1. 对刀的方法； 2. 坐标系的知识； 3. 建立刀具参数表或文件的方法
	（四）程序调试与运行	能够进行程序检验、单步执行、空运行并完成零件试切	程序调试的方法
	（五）参数设置	能够通过操作面板输入有关参数	数控系统中相关参数的输入方法
四、零件加工	（一）平面加工	能够运用数控加工程序进行平面、垂直面、斜面、阶梯面等的铣削加工，并达到如下要求： （1）尺寸公差等级达IT7； （2）形位公差等级达IT8； （3）表面粗糙度达 $Ra3.2$ μm	1. 平面铣削的基本知识； 2. 刀具端刃的切削特点
	（二）轮廓加工	能够运用数控加工程序进行由直线、圆弧组成的平面轮廓铣削加工，并达到如下要求： （1）尺寸公差等级达IT8； （2）形位公差等级达IT8； （3）表面粗糙度达 $Ra3.2$ μm	1. 平面轮廓铣削的基本知识； 2. 刀具侧刃的切削特点

续表

职业技能	工作内容	技能要求	相关知识
四、零件加工	（三）曲面加工	能够运用数控加工程序进行圆锥面、圆柱面等简单曲面的铣削加工，并达到如下要求： （1）尺寸公差等级达 IT8； （2）形位公差等级达 IT8； （3）表面粗糙度达 *Ra*3.2 μm	1. 曲面铣削的基本知识； 2. 球头刀具的切削特点
	（四）孔类加工	能够运用数控加工程序进行孔加工，并达到如下要求： （1）尺寸公差等级达 IT7； （2）形位公差等级达 IT8； （3）表面粗糙度达 *Ra*3.2 μm	麻花钻、扩孔钻、丝锥、镗刀及铰刀的加工方法
	（五）槽类加工	能够运用数控加工程序进行槽、键槽的加工，并达到如下要求： （1）尺寸公差等级达 IT8； （2）形位公差等级达 IT8； （3）表面粗糙度达 *Ra*3.2 μm	槽、键槽的加工方法
	（六）精度检验	能够使用常用量具进行零件的精度检验	1. 常用量具的使用方法； 2. 零件精度检验及测量方法
五、维护与故障诊断	（一）机床的日常维护	能够根据说明书完成数控铣床的定期及不定期维护保养，包括机械、电、气、液压、数控系统的检查和日常保养等	1. 数控铣床说明书； 2. 数控铣床的日常保养方法； 3. 数控铣床操作规程； 4. 数控系统（进口、国产数控系统）说明书
	（二）机床的故障诊断	1. 能读懂数控系统的报警信息； 2. 能发现数控铣床的一般故障	1. 数控系统的报警信息； 2. 机床的故障诊断方法
	（三）机床精度检查	能进行机床水平的检查	1. 水平仪的使用方法； 2. 机床垫铁的调整方法

3.2　高级（表 B－2）

表 B－2　高级技能要求

职业技能	工作内容	技能要求	相关知识
一、加工准备	（一）读图与绘图	1. 能读懂装配图并拆画零件图； 2. 能够测绘零件； 3. 能够读懂数控铣床主轴系统、进给系统的机构装配图	1. 根据装配图拆画零件图的方法； 2. 零件的测绘方法； 3. 数控铣床主轴与进给系统的基本构造知识
	（二）制定加工工艺	能编制二维、简单三维曲面零件的铣削加工工艺文件	复杂零件数控加工工艺的制定

续表

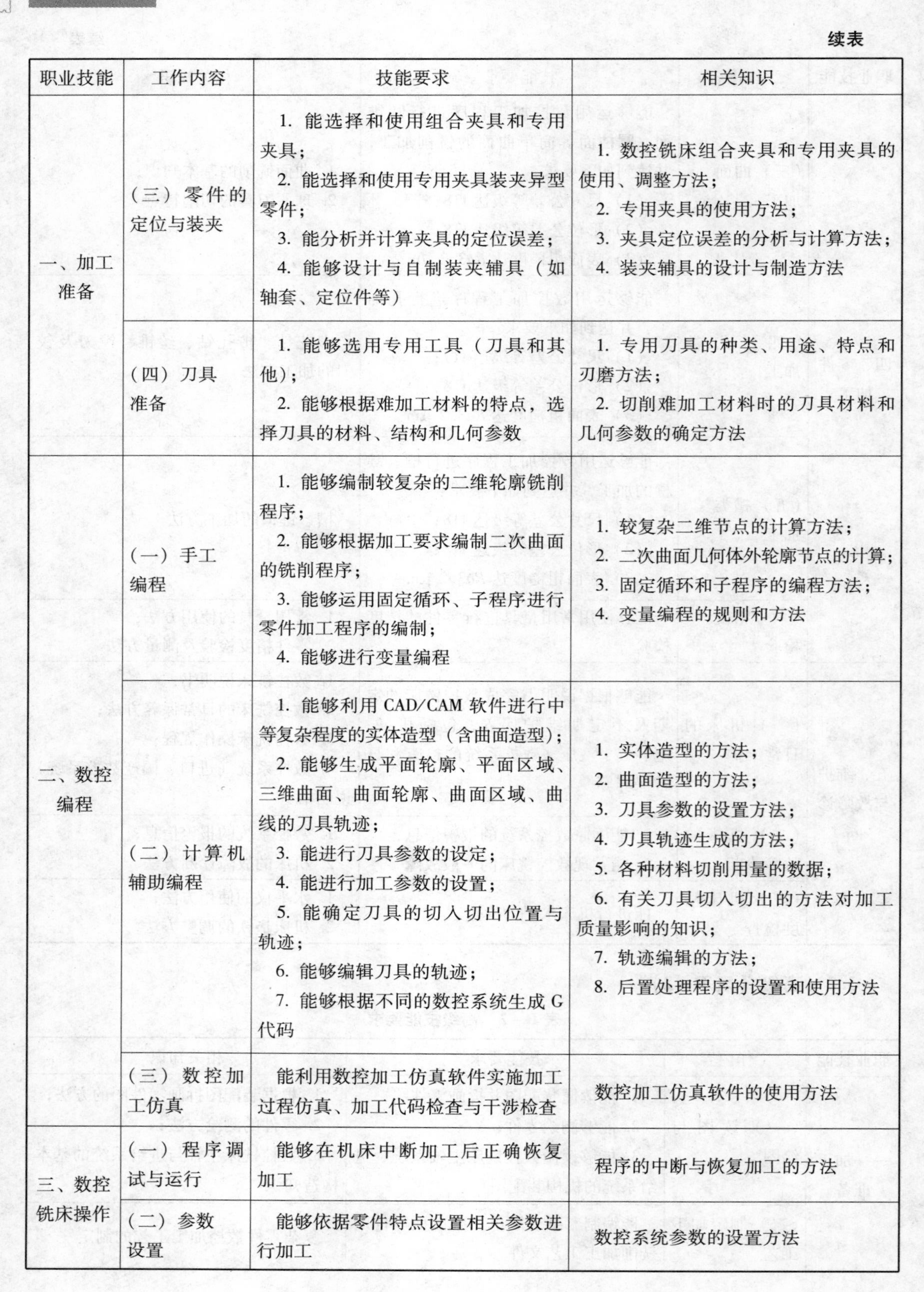

职业技能	工作内容	技能要求	相关知识
一、加工准备	（三）零件的定位与装夹	1. 能选择和使用组合夹具和专用夹具； 2. 能选择和使用专用夹具装夹异型零件； 3. 能分析并计算夹具的定位误差； 4. 能够设计与自制装夹辅具（如轴套、定位件等）	1. 数控铣床组合夹具和专用夹具的使用、调整方法； 2. 专用夹具的使用方法； 3. 夹具定位误差的分析与计算方法； 4. 装夹辅具的设计与制造方法
	（四）刀具准备	1. 能够选用专用工具（刀具和其他）； 2. 能够根据难加工材料的特点，选择刀具的材料、结构和几何参数	1. 专用刀具的种类、用途、特点和刃磨方法； 2. 切削难加工材料时的刀具材料和几何参数的确定方法
二、数控编程	（一）手工编程	1. 能够编制较复杂的二维轮廓铣削程序； 2. 能够根据加工要求编制二次曲面的铣削程序； 3. 能够运用固定循环、子程序进行零件加工程序的编制； 4. 能够进行变量编程	1. 较复杂二维节点的计算方法； 2. 二次曲面几何体外轮廓节点的计算； 3. 固定循环和子程序的编程方法； 4. 变量编程的规则和方法
	（二）计算机辅助编程	1. 能够利用CAD/CAM软件进行中等复杂程度的实体造型（含曲面造型）； 2. 能够生成平面轮廓、平面区域、三维曲面、曲面轮廓、曲面区域、曲线的刀具轨迹； 3. 能进行刀具参数的设定； 4. 能进行加工参数的设置； 5. 能确定刀具的切入切出位置与轨迹； 6. 能够编辑刀具的轨迹； 7. 能够根据不同的数控系统生成G代码	1. 实体造型的方法； 2. 曲面造型的方法； 3. 刀具参数的设置方法； 4. 刀具轨迹生成的方法； 5. 各种材料切削用量的数据； 6. 有关刀具切入切出的方法对加工质量影响的知识； 7. 轨迹编辑的方法； 8. 后置处理程序的设置和使用方法
	（三）数控加工仿真	能利用数控加工仿真软件实施加工过程仿真、加工代码检查与干涉检查	数控加工仿真软件的使用方法
三、数控铣床操作	（一）程序调试与运行	能够在机床中断加工后正确恢复加工	程序的中断与恢复加工的方法
	（二）参数设置	能够依据零件特点设置相关参数进行加工	数控系统参数的设置方法

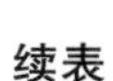

续表

职业技能	工作内容	技能要求	相关知识
四、零件加工	（一）平面铣削	能够编制数控加工程序铣削平面、垂直面、斜面、阶梯面等，并达到如下要求： （1）尺寸公差等级达 IT7； （2）形位公差等级达 IT8； （3）表面粗糙度达 *Ra*3.2 μm	1. 平面铣削精度的控制方法； 2. 刀具端刃几何形状的选择方法
	（二）轮廓加工	能够编制数控加工程序铣削较复杂的（如凸轮等）平面轮廓，并达到如下要求： （1）尺寸公差等级达 IT8； （2）形位公差等级达 IT8； （3）表面粗糙度达 *Ra*3.2 μm	1. 平面轮廓铣削精度的控制方法； 2. 刀具侧刃几何形状的选择方法
	（三）曲面加工	能够编制数控加工程序铣削二次曲面，并达到如下要求： （1）尺寸公差等级达 IT8； （2）形位公差等级达 IT8； （3）表面粗糙度达 *Ra*3.2 μm	1. 二次曲面的计算方法； 2. 刀具影响曲面加工精度的因素以及控制方法
	（四）孔系加工	能够编制数控加工程序对孔系进行切削加工，并达到如下要求： （1）尺寸公差等级达 IT7； （2）形位公差等级达 IT8； （3）表面粗糙度达 *Ra*3.2 μm	麻花钻、扩孔钻、丝锥、镗刀及铰刀的加工方法
	（五）深槽加工	能够编制数控加工程序进行深槽、三维槽的加工，并达到如下要求： （1）尺寸公差等级达 IT8； （2）形位公差等级达 IT8； （3）表面粗糙度达 *Ra*3.2 μm	深槽、三维槽的加工方法
	（六）配合件加工	能够编制数控加工程序进行配合件加工，尺寸配合公差等级达 IT8	1. 配合件的加工方法； 2. 尺寸链换算的方法
	（七）精度检验	1. 能够利用数控系统的功能使用百（千）分表测量零件的精度； 2. 能对复杂、异形零件进行精度检验； 3. 能够根据测量结果分析产生误差的原因； 4. 能够通过修正刀具补偿值和修正程序来减少加工误差	1. 复杂、异形零件的精度检验方法； 2. 产生加工误差的主要原因及其消除方法

续表

职业技能	工作内容	技能要求	相关知识
五、维护与故障诊断	（一）日常维护	能完成数控铣床的定期维护	数控铣床定期维护手册
	（二）故障诊断	能排除数控铣床的常见机械故障	机床的常见机械故障的诊断方法
	（三）机床精度检验	能协助检验机床的各种出厂精度	机床精度的基本知识

3.3 技师（表 B－3）

表 B－3 技师技能要求

职业技能	工作内容	技能要求	相关知识
一、加工准备	（一）读图与绘图	1. 能绘制工装装配图； 2. 能读懂常用数控铣床的机械原理图及装配图	1. 工装装配图的画法； 2. 常用数控铣床的机械原理图及装配图的画法
	（二）制定加工工艺	1. 能编制高难度、精密、薄壁零件的数控加工工艺规程； 2. 能对零件的多工种数控加工工艺进行合理性分析，并提出改进建议； 3. 能够确定高速加工的工艺文件	1. 精密零件的工艺分析方法； 2. 数控加工多工种工艺方案合理性的分析方法及改进措施； 3. 高速加工的原理
	（三）零件定位与装夹	1. 能设计与制作高精度箱体类，叶片、螺旋桨等复杂零件的专用夹具； 2. 能对现有的数控铣床夹具进行误差分析并提出改进建议	1. 专用夹具的设计与制造方法； 2. 数控铣床夹具的误差分析及消减方法
	（四）刀具准备	1. 能够依据切削条件和刀具条件估算刀具的使用寿命，并设置相关参数； 2. 能根据难加工材料合理选择刀具材料和切削参数； 3. 能推广使用新知识、新技术、新工艺、新材料、新型刀具； 4. 能进行刀具刀柄的优化使用，提高生产效率，降低成本； 5. 能选择和使用适合高速切削的工具系统	1. 切削刀具的选用原则； 2. 延长刀具寿命的方法； 3. 刀具新材料、新技术知识； 4. 刀具使用寿命的参数的设定方法； 5. 难切削材料的加工方法； 6. 高速加工的工具系统知识

续表

职业技能	工作内容	技能要求	相关知识
二、数控编程	（一）手工编程	能够根据零件与加工要求编制具有指导性的变量编程程序	变量编程的概念及其编制方法
	（二）计算机辅助编程	1. 能够利用计算机高级语言编制特殊曲线轮廓的铣削程序； 2. 能够利用计算机 CAD/CAM 软件对复杂零件进行实体或曲线曲面造型； 3. 能够编制复杂零件的三轴联动铣削程序	1. 计算机高级语言知识； 2. CAD/CAM 软件的使用方法； 3. 三轴联动的加工方法
	（三）数控加工仿真	能够利用数控加工仿真软件分析和优化数控加工工艺	数控加工工艺的优化方法
三、数控铣床操作	（一）程序调试与运行	能够操作立式、卧式以及高速铣床	立式、卧式以及高速铣床的操作方法
	（二）参数设置	能够针对机床现状调整数控系统的相关参数	数控系统参数的调整方法
四、零件加工	（一）特殊材料加工	能够进行特殊材料零件的铣削加工，并达到如下要求： （1）尺寸公差等级达 IT8； （2）形位公差等级达 IT8； （3）表面粗糙度达 *Ra*3.2 μm	1. 特殊材料的材料学知识； 2. 特殊材料零件的铣削加工方法
	（二）薄壁加工	能够进行带有薄壁的零件加工，并达到如下要求： （1）尺寸公差等级达 IT8； （2）形位公差等级达 IT8； （3）表面粗糙度达 *Ra*3.2 μm	薄壁零件的铣削方法
	（三）曲面加工	1. 能进行三轴联动曲面的加工，并达到如下要求： （1）尺寸公差等级达 IT8； （2）形位公差等级达 IT8； （3）表面粗糙度达 *Ra*3.2 μm； 2. 能够使用四轴以上的铣床与加工中心进行对叶片、螺旋桨等复杂零件进行多轴铣削加工，并达到如下要求： （1）尺寸公差等级达 IT8； （2）形位公差等级达 IT8； （3）表面粗糙度达 *Ra*3.2 μm	1. 三轴联动曲面的加工方法； 2. 四轴以上铣床/加工中心的使用方法

续表

职业技能	工作内容	技能要求	相关知识
四、零件加工	（四）易变形件加工	能进行易变形零件的加工，并达到如下要求： （1）尺寸公差等级达 IT8； （2）形位公差等级达 IT8； （3）表面粗糙度达 *Ra*3.2 μm	易变形零件的加工方法
	（五）精度检验	能够进行大型、精密零件的精度检验	1. 精密量具的使用方法； 2. 精密零件的精度检验方法
五、维护与故障诊断	（一）机床的日常维护	能借助字典阅读数控设备的主要外文信息	数控铣床专业外文知识
	（二）机床的故障诊断	能够分析和排除液压和机械故障	数控铣床常见故障的诊断及排除方法
	（三）机床精度检验	能够进行机床定位精度、重复定位精度的检验	机床定位精度检验、重复定位精度检验的内容及方法
六、培训与管理	（一）操作指导	能指导本职业中级、高级人员进行实际操作	操作指导书的编制方法
	（二）理论培训	能对本职业中级、高级人员进行理论培训	培训教材的编写方法
	（三）质量管理	能在本职工作中认真贯彻各项质量标准	相关质量标准
	（四）生产管理	能协助部门领导进行生产计划、调度及人员的管理	生产管理的基本知识
	（五）技术改造与创新	能够进行加工工艺、夹具、刀具的改进	数控加工工艺综合知识

3.4　高级技师（表 B－4）

表 B－4　高级技师技能要求

职业技能	工作内容	技能要求	相关知识
一、工艺分析与设计	（一）读图与绘图	1. 能绘制复杂的工装装配图； 2. 能读懂常用数控铣床的电气、液压原理图； 3. 能够组织中级、高级、技师人员进行工装协同设计	1. 复杂工装设计方法； 2. 常用数控铣床电气、液压原理图的画法； 3. 协同设计知识

续表

职业技能	工作内容	技能要求	相关知识
一、工艺分析与设计	（二）制定加工工艺	1. 能对高难度、高精密零件的数控加工工艺方案进行合理性分析，提出改进意见并参与实施； 2. 能够确定高速加工的工艺方案； 3. 能够确定细微加工的工艺方案	1. 复杂、精密零件机械加工工艺的系统知识； 2. 高速加工机床的知识； 3. 高速加工的工艺知识； 4. 细微加工的工艺知识
	（三）工艺装备	1. 能独立设计复杂夹具； 2. 能在四轴和五轴数控加工中对由夹具精度引起的零件加工误差进行分析，提出改进方案并组织实施	1. 复杂夹具的设计及使用知识； 2. 复杂夹具的误差分析及消减方法； 3. 多轴数控加工的方法
	（四）刀具准备	1. 能根据零件要求设计专用刀具，并提出制造方法； 2. 能系统地讲授各种切削刀具的特点和使用方法	1. 专用刀具的设计与制造知识； 2. 切削刀具的特点和使用方法
二、零件加工	（一）异形零件加工	能解决高难度、异形零件加工的技术问题并制定工艺措施	高难度零件的加工方法
	（二）精度检验	能够设计专用检具，检验高难度、异形零件	检具设计知识
三、机床维护与精度检验	（一）数控铣床维护	1. 能借助字典看懂数控设备的主要外文技术资料； 2. 能够针对机床运行现状合理调整数控系统的相关参数	数控铣床专业外文知识
	（二）机床精度检验	能够进行机床定位精度、重复定位精度的检验	机床定位精度、重复定位精度的检验和补偿方法
	（三）数控设备网络化	能够借助网络设备和软件系统实现数控设备的网络化管理	数控设备的网络接口及相关技术
四、培训与管理	（一）操作指导	能指导本职业中级、高级和技师人员进行实际操作	操作理论教学指导书的编写方法
	（二）理论培训	1. 能对本职业中级、高级和技师人员进行理论培训； 2. 能系统地讲授各种切削刀具的特点和使用方法	1. 教学计划与大纲的编制方法； 2. 切削刀具的特点和使用方法
	（三）质量管理	能应用全面的质量管理知识，实现操作过程的质量分析与控制	质量分析与控制方法
	（四）技术改造与创新	能够组织实施技术改造和创新，并撰写相应的论文	科技论文的撰写方法

4. 比重表

4.1 理论知识（表 B－5）

表 B－5 理论知识

项目		中级/%	高级/%	技师/%	高级技师/%
基本要求	职业道德	5	5	5	5
	基础知识	20	20	15	15
相关知识	加工准备	15	15	25	—
	数控编程	20	20	10	—
	数控铣床操作	5	5	5	—
	零件加工	30	30	20	15
	数控铣床维护与精度检验	5	5	10	10
	培训与管理	—	—	10	15
	工艺分析与设计	—	—	—	40
合计		100	100	100	100

4.2 技能操作（表 B－6）

表 B－6 技能操作

项目		中级/%	高级/%	技师/%	高级技师/%
技能要求	加工准备	10	10	10	—
	数控编程	30	30	30	—
	数控铣床操作	5	5	5	—
	零件加工	50	50	45	45
	数控铣床维护与精度检验	5	5	5	10
	培训与管理	—	—	5	10
	工艺分析与设计	—	—	—	35
合计		100	100	100	100

附录 C　数控车床中级工实训试题库

数控车床中级工实训试题1

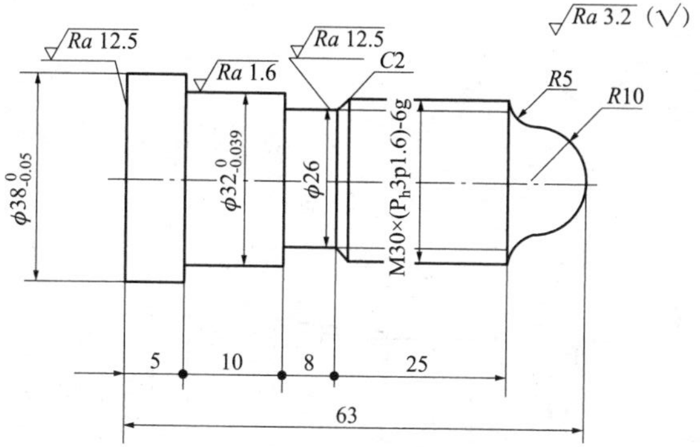

技术要求：

1. 不允许使用砂布或锉刀修整表面；
2. 未注倒角 C1。

评分表

序号	项目	检测内容		占分	评分标准	实测	得分
1	外圆	$\phi38_{-0.05}^{0}$	尺寸	20	超差0.01扣2分		
2			$Ra3.2$ μm	6	$Ra>3.2$ μm扣2分，$Ra>6.3$ μm全扣		
3		$\phi32_{-0.039}^{0}$	尺寸	20	超差0.01扣2分		
4			$Ra1.6$ μm	6	$Ra>1.6$ μm扣2分，$Ra>3.2$ μm全扣		
5	外螺纹	M30×3（P1.5）（止通规检查）		15	止通规检查不满足要求，不得分		
6		$Ra3.2$ μm		4	$Ra>3.2$ μm扣2分，$Ra>6.3$ μm全扣		
8		退刀槽	$\phi26\times8$	2	超差不得分		
9	圆弧	R10	尺寸	5	超差不得分		
10			$Ra3.2$ μm		$Ra>3.2$ μm扣2分，$Ra>6.3$ μm全扣		
11		R5	尺寸	5	超差不得分		
12			$Ra3.2$ μm		$Ra>3.2$ μm扣2分，$Ra>6.3$ μm全扣		
13	长度	63		3	超差不得分		
14		25		3	超差不得分		
15		10		3	超差不得分		
16		5		3	超差不得分		
17	圆弧连接			5	有明显接痕不得分		
18							
19							
20	文明生产	发生重大安全事故取消考试资格；按照有关规定每违反一项，从总分中扣除3分					
21	其他项目	工件必须完整，工件局部无缺陷（如夹伤、划痕等）					
22	程序编制	程序中严重违反工艺规程的则取消考试资格；其他问题酌情扣分					
23	加工时间	100 min后尚未开始加工则终止考试；超过定额时间5 min扣1分；超过10 min扣5分；超过15 min扣10分；超过20 min扣20分；超过25 min扣30分；超过30 min则停止考试					
合计							

名称	轴	材料规格	得分	80～100分		60～79分		0～59分	
		45钢，$\phi40$ mm×115 mm	考试时间	开始：　时　分；结束：　时　分				总分	
图号		工时	记事						
		240 min（含编程）	监考		检验		评分		

数控车床中级工实训试题 2

C2
Ra 1.6
Ra 1.6
1:10
C1
Ra 1.6
$\sqrt{Ra\ 3.2}$（√）
15
5
$\phi26^{\ 0}_{-0.04}$
$\phi32^{\ 0}_{-0.05}$
$\phi25$
ZM32×2
$\phi26^{\ 0}_{-0.04}$
$S\phi30$
$\phi26$
C2
15
15
20
35
100

技术要求：

1. 不允许使用砂布或锉刀修整表面；
2. 未注倒角 C1。

评分表

序号	项目	检测内容		占分	评分标准	实测	得分
1	外圆	$\phi26^{\ 0}_{-0.04}$（两处）	尺寸	15	超差 0.01 扣 2 分		
2			Ra1.6 μm	6	Ra >1.6 μm 扣 2 分，Ra >3.2 μm 全扣		
3		$\phi32^{\ 0}_{-0.03}$	尺寸	15	超差 0.01 扣 2 分		
4			Ra1.6 μm	6	Ra >1.6 μm 扣 2 分，Ra >3.2 μm 全扣		
5	锥螺纹	ZM32×2		20	降一级扣 5 分，乱牙不得分		
6		Ra3.2 μm		4	Ra >3.2 μm 扣 2 分，Ra >6.3 μm 全扣		
8	圆弧	$S\phi30$		10	超差不得分		
9		R9.7857（凹圆弧）		10	超差不得分		
10	长度	100		2	超差不得分		
11		15		2	超差不得分		
12		20		2	超差不得分		
13		35		2	超差不得分		
14	倒角	3 处		6	少一处扣 2 分		
15							
16							
17	文明生产	发生重大安全事故取消考试资格；按照有关规定每违反一项，从总分中扣除 3 分					
18	其他项目	工件必须完整，工件局部无缺陷（如夹伤、划痕等）					
19	程序编制	程序中严重违反工艺规程的则取消考试资格；其他问题酌情扣分					
20	加工时间	100 min 后尚未开始加工则终止考试；超过定额时间 5 min 扣 1 分；超过 10 min 扣 5 分；超过 15 min 扣 10 分；超过 20 min 扣 20 分；超过 25 min 扣 30 分；超过 30 min 则停止考试					
合计							

名称	轴	材料规格	得分	80~100 分		60~79 分		0~59 分
		45 钢，ϕ35 mm×105 mm	考试时间	开始：　时　分；结束：　时　分				总分
图号		工时	记事					
		240 min（含编程）	监考		检验		评分	

数控车床中级工实训试题 3

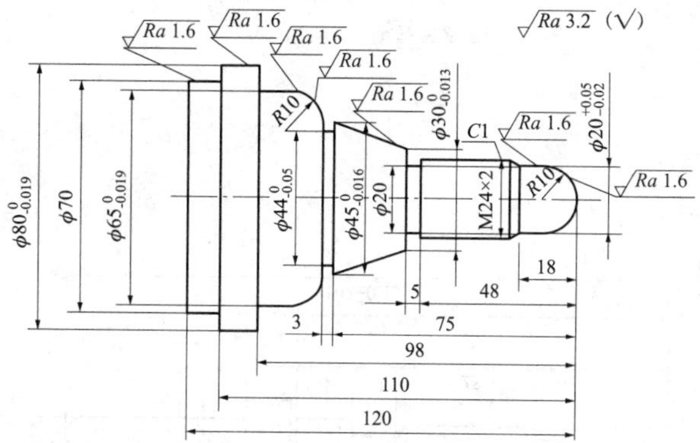

技术要求：

1. 不允许使用砂布或锉刀修整表面；
2. 未注倒角 $C1$。

评分表

序号	项目	检测内容		占分	评分标准	实测	得分
1	外圆直径	$\phi80_{-0.019}^{0}$	尺寸	8	超差 0.01 扣 2 分		
2			$Ra1.6$ μm	4	$Ra>1.6$ μm 扣 2 分，$Ra>3.2$ μm 全扣		
3		$\phi70$	尺寸	6	超差 0.01 扣 2 分		
4			$Ra1.6$ μm	4	$Ra>1.6$ μm 扣 2 分，$Ra>3.2$ μm 全扣		
5		$\phi65_{-0.019}^{0}$	尺寸	8	超差 0.01 扣 2 分		
6			$Ra1.6$ μm	4	$Ra>1.6$ μm 扣 2 分，$Ra>3.2$ μm 全扣		
8		$\phi40_{-0.05}^{0}$	尺寸	8	超差 0.01 扣 2 分		
9			$Ra1.6$ μm	4	$Ra>1.6$ μm 扣 2 分，$Ra>3.2$ μm 全扣		
10		$\phi45_{-0.016}^{0}$	尺寸	8	超差 0.01 扣 2 分		
11			$Ra1.6$ μm	4	$Ra>1.6$ μm 扣 2 分，$Ra>3.2$ μm 全扣		
12		$\phi30_{-0.013}^{0}$	尺寸	8	超差 0.01 扣 2 分		
13			$Ra1.6$ μm	4	$Ra>1.6$ μm 扣 2 分，$Ra>3.2$ μm 全扣		
14		$\phi20_{-0.02}^{0.005}$	尺寸	8	超差 0.01 扣 2 分		
15			$Ra1.6$ μm	4	$Ra>1.6$ μm 扣 2 分，$Ra>3.2$ μm 全扣		
16	螺纹	M24×2（止通规检查）		10	止通规检查不满足要求，不得分		
17		$Ra3.2$ μm		4	$Ra>3.2$ μm 扣 2 分，$Ra>6.3$ μm 全扣		
18	退刀槽	两处		2	少一处扣 1 分		
19	圆弧	两处		6	少一处扣 3 分		
20	长度	6 个长度尺寸		12	超差均不得分		
21	文明生产	发生重大安全事故取消考试资格；按照有关规定每违反一项，从总分中扣除 3 分					
22	其他项目	工件必须完整，工件局部无缺陷（如夹伤、划痕等）					
23	程序编制	程序中严重违反工艺规程的则取消考试资格；其他问题酌情扣分					
24	加工时间	100 min 后尚未开始加工则终止考试；超过定额时间 5 min 扣 1 分；超过 10 min 扣 5 分；超过 15 min 扣 10 分；超过 20 min 扣 20 分；超过 25 min 扣 30 分；超过 30 min 则停止考试					
合计							

名称	轴	材料规格	得分	80～100 分		60～79 分		0～59 分	
		45 钢，$\phi85$ mm×125 mm	考试时间	开始：　时　分；结束：　时　分				总分	
图号		工时	记事						
		240 min（含编程）	监考		检验		评分		

数控车床中级工实训试题 4

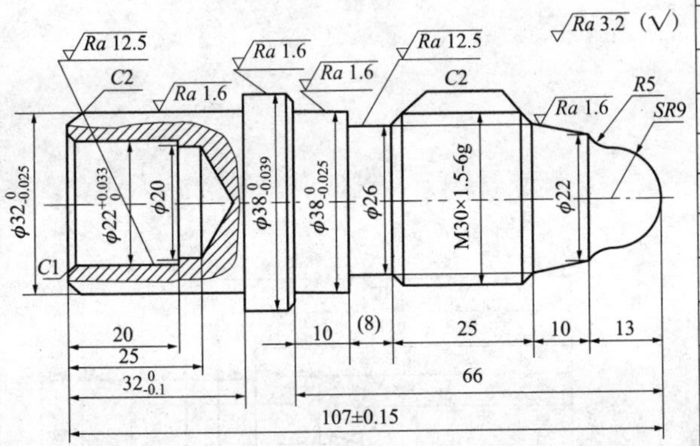

评分表

序号	项目	检测内容		占分	评分标准	实测	得分
1	外圆	$\phi 38_{-0.039}^{0}$	尺寸	12	超差 0.01 扣 2 分		
2			$Ra1.6$ μm	4	$Ra>1.6$ μm 扣 2 分，$Ra>3.2$ μm 全扣		
3		$\phi 32_{-0.025}^{0}$	尺寸	12	超差 0.01 扣 2 分		
4		（两处）	$Ra1.6$ μm	4	$Ra>1.6$ μm 扣 2 分，$Ra>3.2$ μm 全扣		
5	内孔	$\phi 22_{0}^{+0.033}$	尺寸	12	超差 0.01 扣 2 分		
6			$Ra3.2$ μm	4	$Ra>3.2$ μm 扣 2 分，$Ra>6.3$ μm 全扣		
8	外螺纹	M30×1.5（止通规检查）		12	止通规检查不满足要求，不得分		
9		$Ra1.6$ μm		4	$Ra>3.2$ μm 扣 2 分，$Ra>6.3$ μm 全扣		
10		退刀槽	$\phi 26\times 8$	2	超差不得分		
11	球面	$SR9$		5	超差不得分		
12		$Ra3.2$ μm		4	$Ra>3.2$ μm 扣 2 分，$Ra>6.3$ μm 全扣		
13	圆弧	$R5$		5	超差不得分		
14		$Ra3.2$ μm		4	$Ra>3.2$ μm 扣 2 分，$Ra>6.3$ μm 全扣		
15	倒角	3 处		6	少一处扣 1 分		
16	长度	$32_{-0.1}^{0}$		5	超差 0.01 扣 2 分		
17		107±0.15		5	超差 0.01 扣 2 分		
18	文明生产	发生重大安全事故取消考试资格；按照有关规定每违反一项，从总分中扣除 3 分					
19	其他项目	工件必须完整，工件局部无缺陷（如夹伤、划痕等）					
20	程序编制	程序中严重违反工艺规程的则取消考试资格；其他问题酌情扣分					
21	加工时间	100 min 后尚未开始加工则终止考试；超过定额时间 5 min 扣 1 分；超过 10 min 扣 5 分；超过 15 min 扣 10 分；超过 20 min 扣 20 分；超过 25 min 扣 30 分；超过 30 min 则停止考试					
合计							

技术要求：

1. 不允许使用砂布或锉刀修整表面；
2. 未注倒角 $C1$。

名称	轴	材料规格	得分	80~100 分	60~79 分	0~59 分
		45 钢，$\phi 40$ mm×110 mm	考试时间	开始：　时　分；结束：　时　分		总分
图号		工时	记事			
		240 min（含编程）	监考	检验	评分	

数控车床中级工实训试题 5

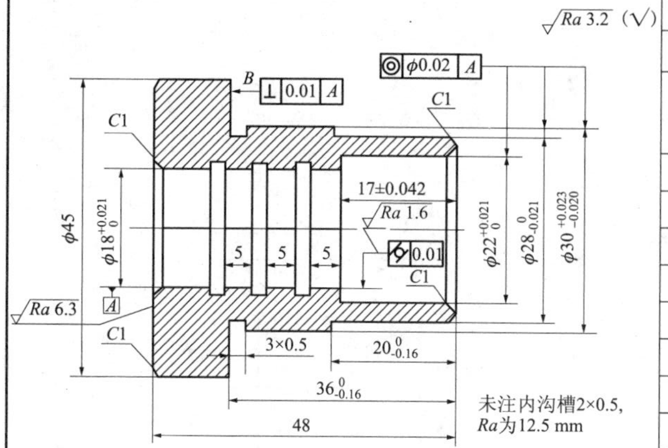

技术要求：

1. 不允许使用砂布或锉刀修整表面；
2. 未注倒角 C1。

评分表

序号	项目	检测内容		占分	评分标准	实测	得分
1	外圆	$\phi30^{+0.023}_{-0.020}$	尺寸	8	超差 0.01 扣 2 分		
2			$Ra1.6\ \mu m$	4	$Ra>1.6\ \mu m$ 扣 2 分，$Ra>3.2\ \mu m$ 全扣		
3		$\phi28^{0}_{-0.021}$	尺寸	8	超差 0.01 扣 2 分		
4			$Ra1.6\ \mu m$	4	$Ra>1.6\ \mu m$ 扣 2 分，$Ra>3.2\ \mu m$ 全扣		
5	内孔	$\phi22^{+0.021}_{0}$	尺寸	8	超差 0.01 扣 2 分		
6			$Ra1.6\ \mu m$	4	$Ra>1.6\ \mu m$ 扣 2 分，$Ra>3.2\ \mu m$ 全扣		
7		$\phi18^{+0.021}_{0}$	尺寸	8	超差 0.01 扣 2 分		
			$Ra1.6\ \mu m$	4	$Ra>1.6\ \mu m$ 扣 2 分，$Ra>3.2\ \mu m$ 全扣		
8	倒角	4 处		4	少一处扣 1 分		
9	长度	$20^{0}_{-0.16}$		3	超差不得分		
10		$36^{0}_{-0.16}$		3	超差 0.01 扣 2 分		
11		17 ±0.042		3	超差 0.01 扣 2 分		
12		48		1	超差不得分		
13	内沟槽	3 处		6	超差不得分		
14	外沟槽	1 处		2	超差不得分		
15	垂直度			7	超差不得分		
16	同轴度			16	超差不得分		
17	圆柱度			7	超差不得分		
18	文明生产	发生重大安全事故取消考试资格；按照有关规定每违反一项，从总分中扣除 3 分					
19	其他项目	工件必须完整，工件局部无缺陷（如夹伤、划痕等）					
20	程序编制	程序中严重违反工艺规程的则取消考试资格；其他问题酌情扣分					
21	加工时间	120 min 后尚未开始加工则终止考试；超过定额时间 5 min 扣 1 分；超过 10 min 扣 5 分；超过 15 min 扣 10 分；超过 20 min 扣 20 分；超过 25 min 扣 30 分；超过 30 min 则停止考试					
合计							

名称	套	材料规格	得分	80～100 分		60～79 分		0～59 分	
		45 钢，φ50 mm×50 mm	考试时间	开始： 时 分；结束： 时 分				总分	
图号		工时	记事						
		360 min（含编程）	监考		检验		评分		

数控车床中级工实训试题 6

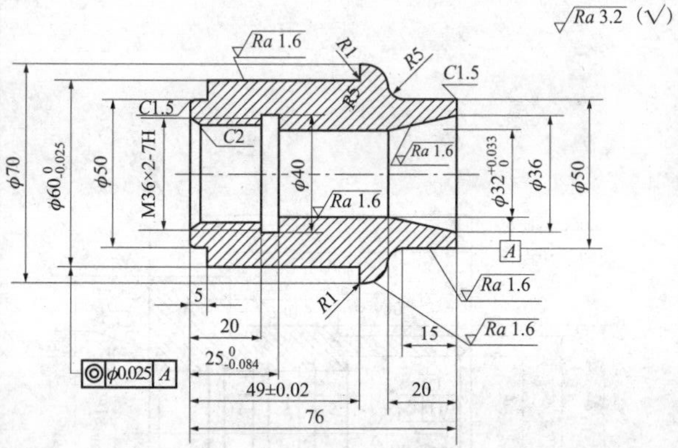

评分表

序号	项目	检测内容		占分	评分标准	实测	得分
1	外圆	$\phi 60_{-0.02}^{0}$	尺寸	10	超差 0.01 扣 2 分		
2			Ra1.6 μm	4	Ra >1.6 μm 扣 2 分，Ra >3.2 μm 全扣		
3		$\phi 50$	尺寸	3	超差 0.01 扣 2 分		
4			Ra1.6 μm	4	Ra >1.6 μm 扣 2 分，Ra >3.2 μm 全扣		
5	内孔	$\phi 32_{0}^{+0.03}$	尺寸	5	超差 0.01 扣 2 分		
6			Ra1.6 μm	4	Ra >1.6 μm 扣 2 分，Ra >3.2 μm 全扣		
7	内锥孔	15 mm ±6 mm		10	超差 1 扣 2 分		
			Ra1.6 μm	5	Ra >1.6 μm 扣 2 分，Ra >3.2 μm 全扣		
8	内螺纹	M36×2（止通规检查）		10	止通规检查不满足要求，不得分		
9		退刀槽	$\phi 40$	5	超差不得分		
10			Ra3.2 μm	4	Ra >1.6 μm 扣 2 分，Ra >3.2 μm 全扣		
11	倒角	3 处		6	少一处扣 2 分		
12	长度	76		5	超差不得分		
13		49 ±0.02		5	超差 0.01 扣 2 分		
14		$25_{-0.084}^{0}$		5	超差 0.01 扣 2 分		
15	圆角	3 处		6	少一处扣 2 分		
16	同轴度			10	超差不得分		
17							
18	文明生产	发生重大安全事故取消考试资格；按照有关规定每违反一项，从总分中扣除 3 分					
19	其他项目	工件必须完整，工件局部无缺陷（如夹伤、划痕等）					
20	程序编制	程序中严重违反工艺规程的则取消考试资格；其他问题酌情扣分					
21	加工时间	120 min 后尚未开始加工则终止考试；超过定额时间 5 min 扣 1 分；超过 10 min 扣 5 分；超过 15 min 扣 10 分；超过 20 min 扣 20 分；超过 25 min 扣 30 分；超过 30 min 则停止考试					
合计							

技术要求：

1. 不允许使用砂布或锉刀修整表面；
2. 未注倒角 C1。

名称	轴套	材料规格	得分	80~100 分	60~79 分	0~59 分
		45 钢，$\phi 75$ mm×80 mm	考试时间	开始： 时 分；结束： 时 分		总分
图号		工时	记事			
		360 min（含编程）	监考	检验	评分	

附录 D 数控铣床中级工实训试题库

数控铣床中级工实训试题 1

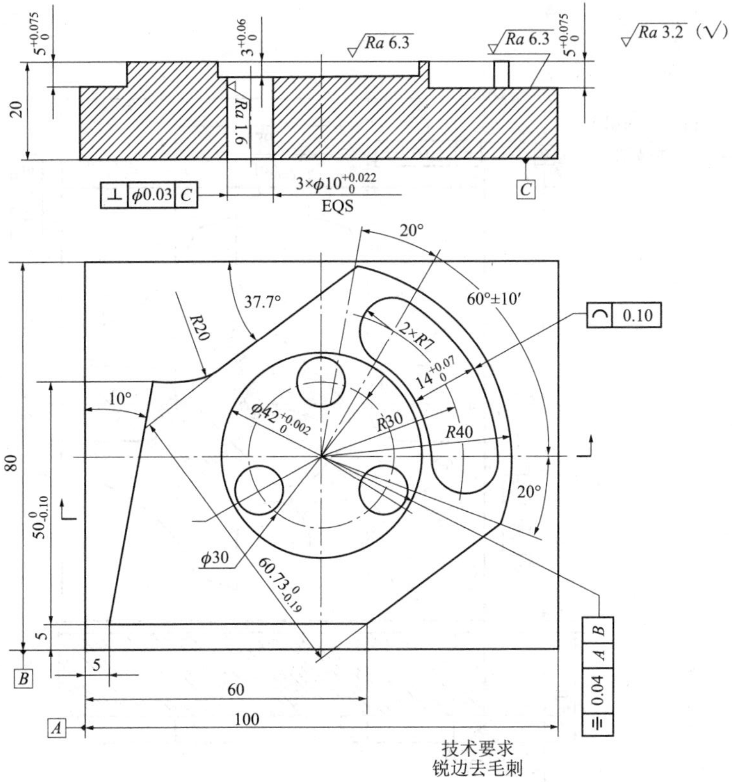

评分表

考核项目		检测内容	占分	评分标准	实测	得分
主要项目	1	$3\times\phi10^{+0.022}_{0}$ Ra1.6 μm	12/3	超差不得分		
	2	$\phi42^{+0.062}_{0}$ Ra3.2 μm	8/2	超差不得分		
	3	$14^{+0.07}_{0}$ Ra3.2 μm	10/2	超差不得分		
	4	$50^{+0}_{-0.10}$、$60.73^{+0}_{-0.19}$ Ra3.2 μm	2×5/2	超差一处扣5/2分		
	6	$3^{+0.06}_{0}$、$3^{+0.075}_{0}$（2处） Ra6.3 μm	3×3/1	超差一处扣3/1分		
一般项目	8	5（2处）、60、φ30	4×1	超差一处扣1分		
	10	2×R7、R20、R30、R40	5×1	超差一处扣1分		
	12	60°±10′	4	超差不得分		
	13	20°（2处）、10°、37.7°	4×1	超差一处扣1分		
形位公差	15	⌒ 0.10　⊥ φ0.03 C　≡ 0.04 A	5×3	超差一处扣3分		
其他	18	安全生产	3	违反有关规定扣1～3分		
	19	文明生产	2	违反有关规定扣1～2分		
	20	按时完成		超时≤15 min：扣5分 超时>15～30 min：扣10分 超时>30 min：不计分		

名称	腰形槽底版	材料规格	得分	80～100分		60～79分		0～59分
		LY12，100×80×20	考试时间	开始：　时　分；结束：　时　分				总分
图号	XKZ01	工时定额	记事					
		240 min（含编程）	监考		检验		评分	

数控铣床中级工实训试题 2

$\sqrt{Ra\ 3.2}$（√）

Ra 6.3　$5_{0}^{+0.075}$　20

4×R30　45°10′　$60_{-0.19}^{0}$　$30_{0}^{+0.052}$　$20_{0}^{+0.052}$　$\phi70_{-0.014}^{0}$　4×R8　$14_{0}^{+0.043}$　80

$14_{0}^{-0.43}$　$36_{-0.16}^{0}$　80

⌯ 0.04 B　⌯ 0.04 A B　⌯ 0.04 A　B　A

技术要求

锐边去毛刺

评分表

考核项目		检测内容	占分	评分标准	实测	得分
主要项目	1	$\phi70_{-0.074}^{0}$ Ra3.2 μm	6/2	超差不得分		
	2	$20_{0}^{+0.052}$ Ra3.2 μm	6/2	超差不得分		
	3	$30_{0}^{+0.0052}$ Ra3.2 μm	6/2	超差不得分		
	4	$14_{0}^{+0.043}$（水平）、$14_{0}^{+0.043}$（垂直） Ra3.2 μm	2×12/4	超差一处扣12/4分		
	5	$5_{0}^{+0.075}$（2处） Ra6.3 μm	6/2	超差不得分		
一般项目	6	$36_{-0.16}^{0}$、$60_{-0.19}^{0}$	4×2	超差一处扣2分		
	7	4×R30 Ra3.2 μm	4×4	超差不得分		
	8	4×R8	4×0.5	超差一处扣0.5分		
	9	45°±10′	1	超差不得分		
形位公差	10	⌯ 0.04 A；⌯ 0.04 B；⌯ 0.04 A B	3×4	超差一处扣4分		
其他	11	安全生产	3	违反有关规定扣1~3分		
	12	文明生产	2	违反有关规定扣1~2分		
	13	按时完成		超时≤15 min：扣5分		
				超时＞15~30 min：扣10分		
				超时＞30 min：不计分		

名称	槽轮板	材料规格	得分	80~100分	60~79分	0~59分
		LY12，80×80×20	考试时间	开始：　时　分；结束：　时　分		总分
图号	XKZ02	工时定额	记事			
		240 min（含编程）	监考	检验	评分	

数控铣床中级工实训试题 3

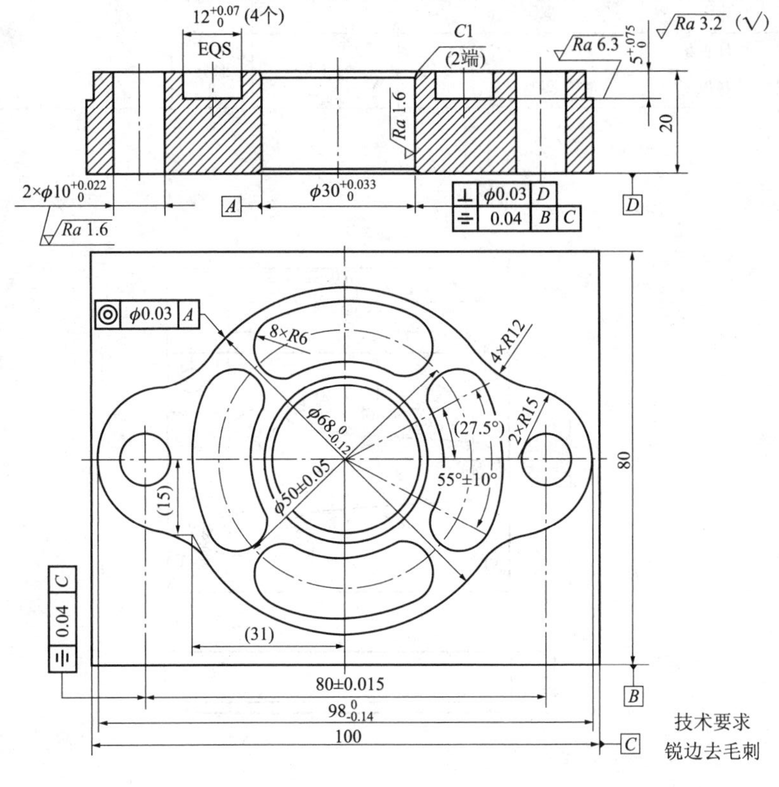

$12^{+0.07}_{0}$ (4个)
EQS
C1
(2端)
Ra 6.3
$5^{+0.075}_{0}$
Ra 3.2 (√)
20
Ra 1.6
$2\times\phi10^{+0.022}_{0}$
Ra 1.6
A
$\phi30^{+0.033}_{0}$
⊥ $\phi0.03$ D
≡ 0.04 B C
D
◎ $\phi0.03$ A
8×R6
4×R12
$\phi68^{0}_{-0.12}$
(27.5°)
2×R15
55°±10°
$\phi50\pm0.05$
(15)
80
≡ 0.04 C
(31)
80±0.015
$98^{0}_{-0.14}$
100
B
C

技术要求
锐边去毛刺

评分表

考核项目		检测内容	占分	评分标准	实测	得分
主要项目	1	$2\times\phi10^{+0.022}_{0}$、$\phi30^{+0.033}_{0}$　$Ra1.6$ μm	3×4/1	超差一处扣 4/1 分		
	3	$12^{+0.07}_{0}$、$\phi68^{0}_{-0.12}$　$Ra3.2$ μm	5×4/1	超差一处扣 4/1 分		
	5	80 ±0.015、$\phi50\pm0.05$	2×2	超差一处扣 2 分		
	7	$98^{0}_{-0.14}$　$Ra3.2$ μm	3/1	超差不得分		
	8	$5^{+0.075}_{0}$　$Ra6.3$ μm	3/1	超差不得分		
一般项目	9	55° ±10′（4 处）、4×R12、2×R15	10×1	超差一处扣 1 分		
	11	8×R7　$Ra3.2$ μm	8×2/1	超差一处扣 2/1 分		
	12	C1（2 处）	2×1	超差一处扣 1 分		
形位公差	13	≡ 0.04 C　≡ 0.04 B C	2×2	超差一处扣 2 分		
	14	⊥ $\phi0.03$ D　◎ $\phi0.03$ A	2×2	超差一处扣 2 分		
其他	17	安全生产	2	违反有关规定扣 1～2分		
	18	文明生产	2	违反有关规定扣 1～2分		
	19	按时完成		超时 ≤15 min：扣 5 分 超时 >15～30 min：扣 10 分 超时 >30 min：不计分		

名称	泵体端盖底版	材料规格	得分	80～100 分		60～79 分		0～59 分	
		LY12，100×80×20	考试时间	开始：　时　分；结束：　时　分				总分	
图号	XKZ03	工时定额	记事						
		240 min（含编程）	监考		检验		评分		

数控铣床中级工实训试题 4

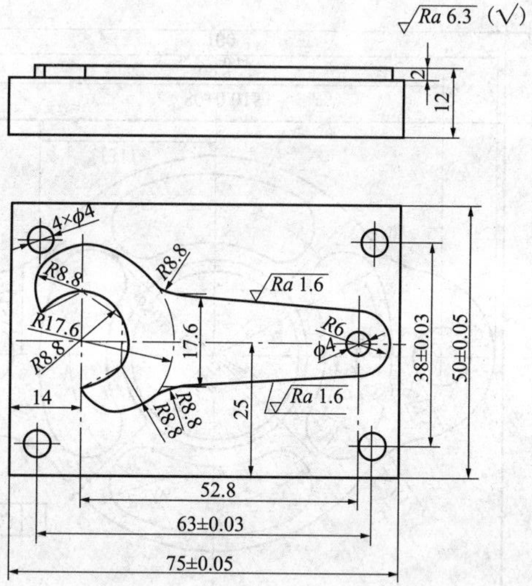

评分表

考核项目		检测内容	占分	评分标准	实测	得分
主要项目	1	38 ±0.03　*Ra*6.3 μm	6/2	超差不得分		
	2	50 ±0.05　*Ra*6.3 μm	6/2	超差不得分		
	3	63 ±0.03　*Ra*6.3 μm	6/2	超差不得分		
	4	75 ±0.05　*Ra*6.3 μm	6/2	超差不得分		
	5	*R*8.8（4）处　*Ra*6.3 μm	4×3/2	超差一处扣 3/2 分		
	6	52.8　*Ra*6.3 μm	6/2	超差不得分		
	7	ϕ4（5 处）　*Ra*6.3 μm	5×3/1	超差一处扣 3/1 分		
	8	*Ra*1.6 μm（2 处）	2×2	超差一处扣 2 分		
一般项目	9	25、14、2、12	4×2	超差一处扣 2 分		
	10	*R*6、*R*17.6	2×2	超差一处扣 2 分		
其他项目	11	安全生产	2	违反有关规定扣 1~2分		
	12	文明生产	2	违反有关规定扣 1~2分		
	13	按时完成		超时 ≤15 min：扣 5 分		
				超时 >15~30 min：扣 10 分		
				超时 >30 min：不计分		

名称	扳手板	材料规格	得分	80~100 分	60~79 分	0~59 分	
		LY12，78×52×13	考试时间	开始：　时　分；结束：　时　分		总分	
图号	XKZ04	工时定额	记事				
		240 min（含编程）	监考	检验	评分		

数控铣床中级工实训试题 5

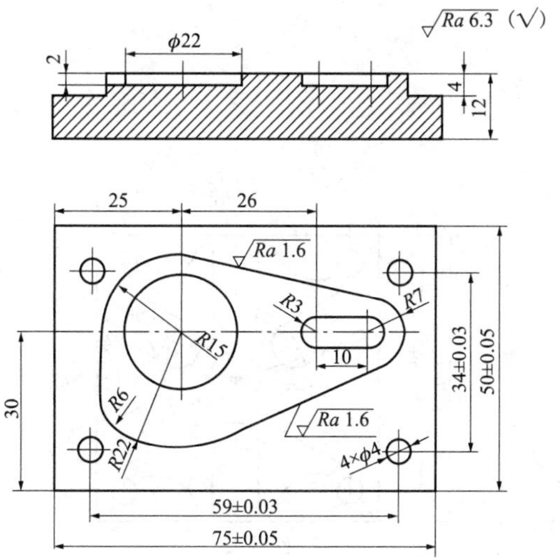

Ra 6.3 (√)
φ22
2
4
12
25
26
Ra 1.6
R3
R7
R15
10
R6
R22
Ra 1.6
4×φ4
30
34±0.03
50±0.05
59±0.03
75±0.05

评分表

考核项目		检测内容	占分	评分标准	实测	得分
主要项目	1	36 ±0.03　Ra6.3 μm	6/2	超差不得分		
	2	50 ±0.05　Ra6.3 μm	6/2	超差不得分		
	3	59 ±0.03　Ra6.3 μm	6/2	超差不得分		
	4	75 ±0.05　Ra6.3 μm	6/2	超差不得分		
	5	φ22　Ra6.3 μm	6/2	超差不得分		
	6	R3（2 处）　Ra6.3 μm	2×3/1	超差一处扣 3/1 分		
	7	4×φ4（4 处）　Ra6.3 μm	4×3/1	超差一处扣 3/1 分		
	8	Ra1.6 μm（2 处）	2×3	超差一处扣 3 分		
一般项目	9	25、2、12、4、30	5×2	超差一处扣 2 分		
	10	26、R6、R15、R7、R22	5×3	超差一处扣 3 分		
其他	11	安全生产	3	违反有关规定扣 1~3分		
	12	文明生产	2	违反有关规定扣 1~2分		
	13	按时完成		超时 ≤15 min：扣 5 分		
				超时 >15~30 min：扣 10 分		
				超时 >30 min：不计分		

名称	板	材料规格	得分	80~100 分		60~79 分		0~59 分	
		LY12，78×52×13	考试时间	开始：　时　分；结束：　时　分				总分	
图号	XKZ05	工时定额	记事						
		240 min（含编程）	监考		检验		评分		

数控铣床中级工实训题 6

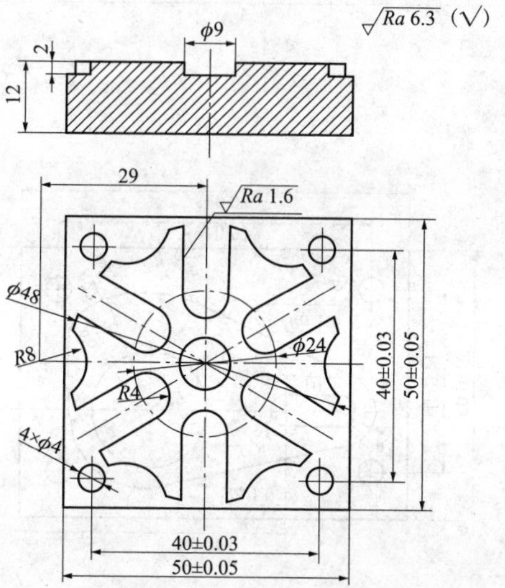

评分表

考核项目		检测内容	占分	评分标准	实测	得分
主要项目	1	40±0.03（2处） Ra6.3 μm	2×3/1	超差一处扣3/1分		
	2	50±0.05（2处） Ra6.3 μm	2×3/1	超差一处扣3/1分		
	3	R4（6处） Ra6.3 μm	6×2/1	超差一处扣2/1分		
	4	ϕ48 Ra6.3 μm	3/2	超差不得分		
	5	ϕ9 Ra6.3 μm	3/2	超差不得分		
	6	R8（6处） Ra6.3 μm	6×2/1	超差一处扣2/1分		
	7	4×ϕ4（4处） Ra6.3 μm	4×2/1	超差一处扣2/1分		
	8	Ra1.6 μm（2处）	12×1	超差一处扣1分		
一般项目	9	29	2	超差不得分		
	10	ϕ24	3	超差不得分		
	11	2	2	超差不得分		
	12	12	2	超差不得分		
其他	13	安全生产	3	违反有关规定扣1~3分		
	14	文明生产	2	违反有关规定扣1~2分		
	15	按时完成		超时≤15 min：扣5分 超时>15~30 min：扣10分 超时>30 min：不计分		

名称	槽轮板	材料规格	得分	80~100分		60~79分		0~59分
		LY12，52×52×13	考试时间	开始： 时 分；结束： 时 分				总分
图号	XKZ06	工时定额	记事					
		240 min（含编程）	监考		检验		评分	

参 考 文 献

[1] 张宁菊. 数控铣削编程与加工 [M]. 北京: 机械工业出版社, 2013.
[2] 张宁菊. 数控车削编程与加工 [M]. 北京: 机械工业出版社, 2013.
[3] 袁锋. 数控车床培训教程 [M]. 北京: 机械工业出版社, 2008.
[4] 吴明友. 数控铣床培训教程 [M]. 北京: 机械工业出版社, 2007.
[5] 张丽华. 数控编程与加工实训 [M]. 哈尔滨: 哈尔滨工程大学出版社, 2009.